TABLE DES MATIERES

La mise en œuvre

La sécurité

Le contrôle

I . La méthode du remue-méninge

1 – Le brainstorming ou le remue-méninge

La méthode du remue-méninge à été inventée en 1935 par Monsieur Alex Osborn (USA).

C'est un outil de créativité libre et ordonnée qui permet de rechercher en groupe ou individuellement et en toute liberté un maximum d'idées sur un sujet donné ou d'inventer des solutions pour résoudre un problème. Au collège, nous utiliserons cet outil pour réaliser un inventaire des connaissances sur un sujet et organiser ces informations.

2 – Application

2-1 L'HABITAT: Nous allons appliquer la méthode du remue-méninge au problème de l'HABITAT. A travers la classe, nous avons inventorié tout ce qui pouvait se rapporter à l'habitat :

2-1-2 Inventaire des idées :

Maison, immeuble, rue, collège, toit, charpente, maçon, ciment, porte, pont, chambre, cuisine, mairie, cabane, voiture, Mairie, meubles, igloo, étable, commerce, garage, brique …

2-1-3 Organisation des idées :

A partir de tous les objets trouvés, nous avons organisé ces objets en plusieurs grandes familles :

- **Habitation individuelle :** Maison, cabane, igloo, …

- **Habitation collective :** Immeuble, …

- **Habitation civile :** Mairie, collège, commerce, …

- **Habitation animalière :** Etable, …

- **Infrastructure :** Rue, pont, …

- **Eléments de construction :** Charpente, toit, porte,

- **Matériaux de construction :** Brique, ciment, …

- **Aménagement intérieur :** Chambre, cuisine, garage,

- **Objet de confort :** Poubelle,

- **Métier de l'habitat :** Maçon, …

2-1-4 Complétez le paragraphe 2-1-3 en ajoutant plus de deux idées pour chaque grande famille.

1 – La méthode du QQOQCCP :

Cette méthode semble avoir été inventée par les Romains il y a environ 2000 ans. Cependant, il est fort possible qu'elle soit plus ancienne et soit à la base des grandes civilisations humaines.

En outre, cette méthode permet une collecte constructive et rigoureuse des informations nécessaires à la connaissance du sujet.

Le QQOQCCP correspond à l'abréviation de : Qui fait Quoi ? Où ? Quand ? Comment ? Combien ? Et Pourquoi ? Et à partir de ce questionnement systématique, nous obtenons une description complète de l'objet technique.

C'est une méthode, très flexible, doit être adaptée au sujet traité.

Le tableau ci-joint représente une courte liste mnémotechnique :

Lettre	Questions	Exemples
Q	De qui ?, Avec qui ?, Pour qui ? ...	Responsable, acteur, sujet, cible ? ...
Q	Quoi ?, Avec quoi ? ...	Outil, objet, résultat, objectif ? ...
O	Où ?	Lieu, services ? ...
Q	Quand ?, Tous les quand ?, A partir de quand ?, Jusqu'à quand ?	Dates, périodicité, durée ? ...
C	Comment ?, Par quel procédé ? ...	Procédure, technique, action, moyens, matériel ? ...
C	Combien ?	Quantités, budget ? ...
P	Pourquoi ?	Justification, raison d'être ?

2 – Application de la méthode du QQOQCCP au thème de « L'HABITAT »:

QUI ?	QUOI ?	OÙ ?	QUAND ?	COMMENT ?	COMBIEN ?	POURQUOI ?
Pour qui ?	Avec quoi ?	Où ?	Quand ?	Comment ?	Combien ?	Pourquoi ?
HUMAINS	Maisons...	Sur Terre	Tout le temps	Bois		Protection
MAMMIFERES	Fermes...	Sous Terre		Terre	Nombre	Prot. Intempéries
OISEAUX	Volières...	Sur mer		Pierres		Prot. Animaux
REPTILES	Vivarium...	Sous la mer		Briques	Prix	Confort
POISSONS	Aquarium...	Dans l'espace		Ciment		Hygiène
VEGETAUX	Serres...			Paille		Sécurité
INSECTES	Ruches...			Plastique		
BACTERIES	Cuves...			Métaux		
VIRUS	Ampoules...			Verres		
OBJETS				...		

3 – Application de la méthode du QQOQCCP au thème de « LA FENÊTRE »:

Répondre à toutes les questions suivantes :

QUI ? => Pour qui réaliser une fenêtre ? :

QUOI ? => Avec quoi peut-on réaliser une fenêtre ? :

OÙ ? => Où doit-on réaliser des fenêtres ? :

QUAND ? => Quand doit-on réaliser une fenêtre ? :

COMMENT ? => Comment peut-on réaliser une fenêtre ? :

COMBIEN ? => Combien doit-on réaliser de fenêtres dans une maison ? :.

POURQUOI ? => Pourquoi doit-on réaliser des fenêtres ? :

I . REPRESENTATION EN 3 DIMENSIONS (3D)

Nous utilisons souvent en technologie la représentation 3D pour schématiser à main levée un objet. La représentation en 3 dimensions facilite la compréhension d'un dessin technique.

1 – La perspective

La perspective est une représentation en 3 dimensions et réaliste de l'objet. Cette technique est surtout utilisée en art plastique. Les fuyantes sont orientées vers un point d'horizon.

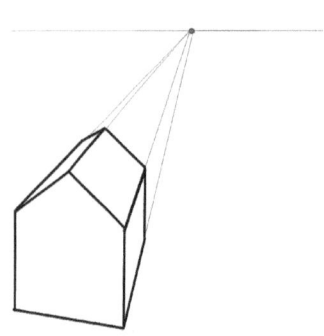

Refaire le schéma dans le cadre en pointillé.

2 – L'isométrie

La représentation isométrique est une représentation en 3 dimensions, différentes de la perspective. Les fuyantes sont parallèles entre elles. **C'est la représentation utilisée en technologie.**

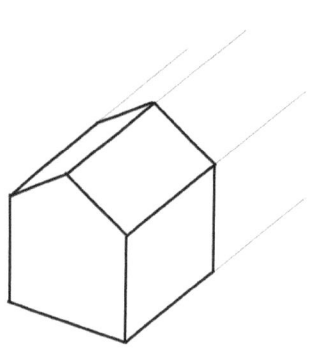

Refaire le schéma dans le cadre en pointillé.

3 - L'information dimensionnelle d'un dessin en 3 dimensions.

Dans une représentation en 3 dimensions, nous trouvons 3 types de dimensions :

La hauteur
La longueur
La largeur

L'objet est souvent intégralement défini en un seul dessin.

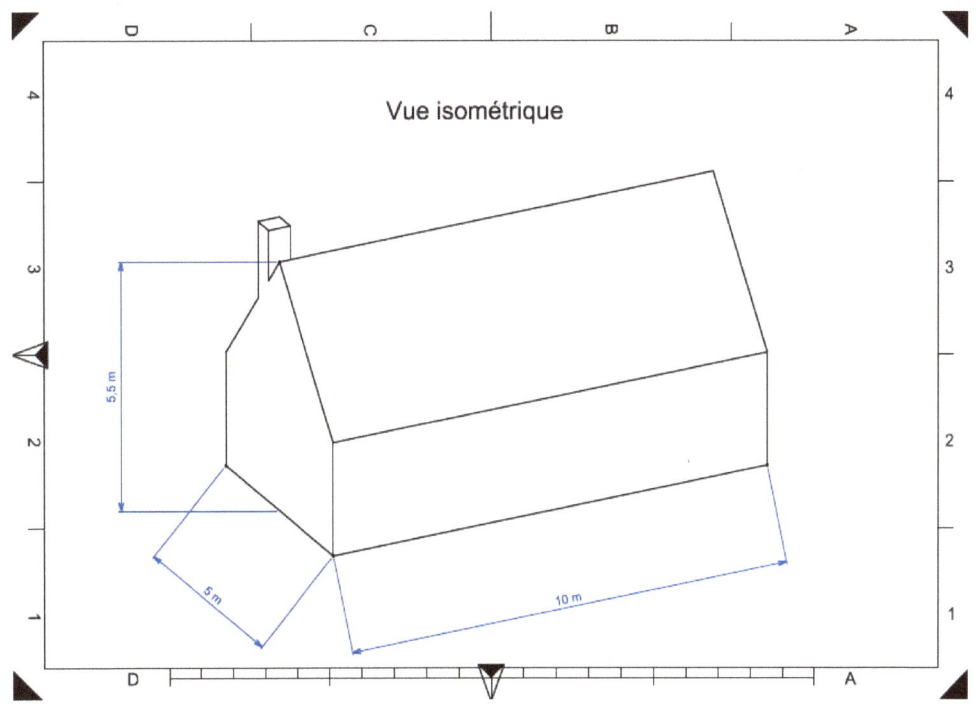

Trouver et transcrire les dimensions :

H (hauteur) =
L (longueur) =
l (largeur) =

II. REPRESENTATION EN 2 DIMENSIONS (2D)

1- La représentation en 2 dimensions.

La représentation en 2 dimensions permet en technologie de dessiner un objet. Cependant, un seul dessin ne permet pas de représenter toutes les dimensions de l'objet. 2 vues au minimum doivent être représentées.

1 – 1 L'information dimensionnelle d'un dessin en 2 dimensions.

Chaque représentation, en 2 dimensions, définit 2 mesures de l'espace ; comme, par exemple, la longueur et la largeur ou la hauteur et la largeur. C'est pourquoi, nous avons défini plusieurs vues caractéristiques.

- La vue de face (longueur, hauteur)
- La vue de gauche (largeur, hauteur)
- La vue de droite (largeur, hauteur)
- La vue de dessous (largeur, longueur)
- La vue de dessus (largeur, longueur)
- La vue de derrière (longueur, hauteur)

Ces différentes vues sont alors organisées de la manière suivante * :

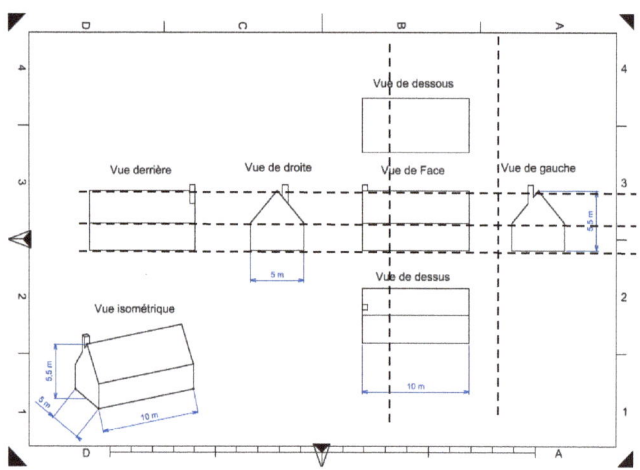

* La vue de gauche est dessinée à droite de la vue de face.
* La vue de droite est dessinée à gauche de la vue de face.
* La vue de dessus est dessinée au-dessous de la vue de face.
* La vue de dessous est dessinée au-dessus de la vue de face.

Cette règle de représentation est uniquement valable en Europe et aux USA. La vue de gauche est représentée à gauche. La vue de droite est représentée à droite. La vue de dessus est représentée au dessus. La vue de dessous est représentée au dessous.

Trouver et écrire les dimensions à partir du plan en 2 D:

H (hauteur) = 5.5 m
L (longueur) = 10 m
l (largeur) = 5 m

Dans un plan technique, toutes les vues ne sont pas utiles à sa représentation. On se limitera donc à la représentation des vues essentielles à sa compréhension. Ici, il s'agit d'un flasque.

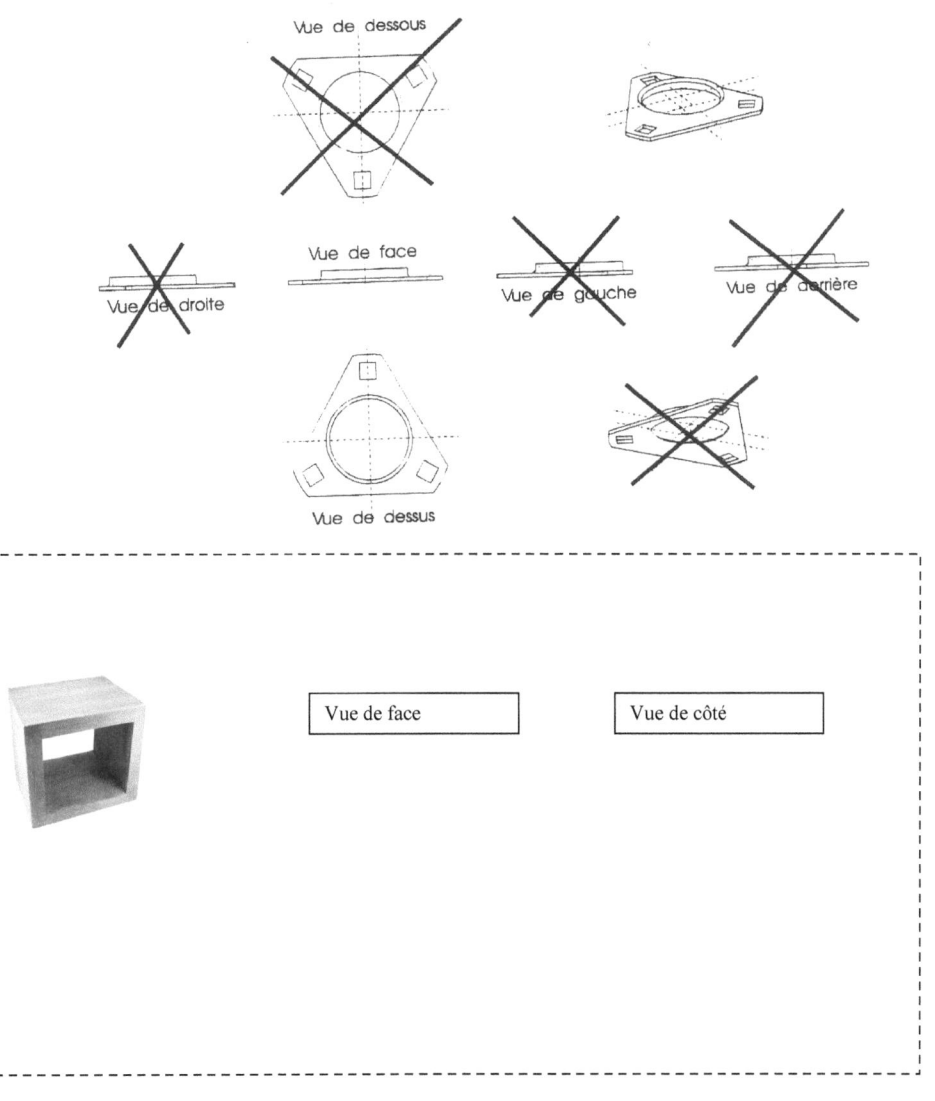

Vue de dessous

Vue de face

Vue de droite

Vue de gauche

Vue de derrière

Vue de dessus

Vue de face

Vue de côté

Dessiner le plan de cet objet en 2D.
Longueur extérieure = largeur extérieure = Hauteur extérieure
Longueur intérieure = largeur intérieure = Hauteur intérieure
Cube intérieur centré dans le cube extérieur

I- Pl

15

Nous avons réalisé un plan intérieur de classe. Ne disposant pas d'instrument de mesure, ruban mesureur ou de chaîne d'arpentage, nous avons déterminé les dimensions de notre classe par un arpentage manuel.

Nous avons mesuré notre classe par des quantités de pas.

Un schéma proportionnel a pu être réalisé afin d'habiller notre schéma. Nous avons constitué une légende et stylisé ainsi les éléments contenus dans notre classe.

Ce schéma constitue un relevé classique pouvant permettre l'élaboration d'un plan plus complexe. C'est un relevé en 2 dimensions.

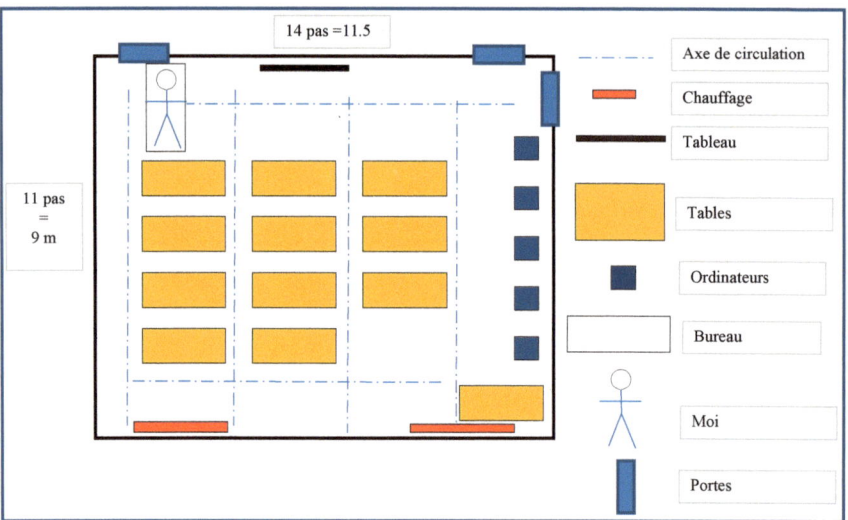

Positionnez vous dans la classe.

1- Le format des plans.

Nous connaissons tous le format A4. C'est la feuille de papier standard du commerce. Elle a la particularité de pouvoir s'insérer dans n'importe quel classeur. Malheureusement, en technologie, les dessins peuvent comporter beaucoup de détails et notamment des cotations. Le format A4 devient donc trop petit pour supporter toutes les informations nécessaires à une bonne définition de l'objet.

C'est pourquoi, nous allons trouver en technologie des feuilles beaucoup plus grandes que le format A4. La dimension de l'A4 est invariablement 297x210mm. Les formats en technologie vont jusqu'au A0. Plus la feuille est grande, plus le chiffre du format est petit !

Pour trouver la dimension du format A3, nous avons multiplié la largeur du format A4 par deux et ainsi de suite pour les autres formats A2, A1 et A0.

NOM	Dimensions en mm
A5	210x148,5
A4	297x210
A3	420x297
A2	594x420
A1	840x594
A0	1188x840

La représentation de découpe est la suivante :

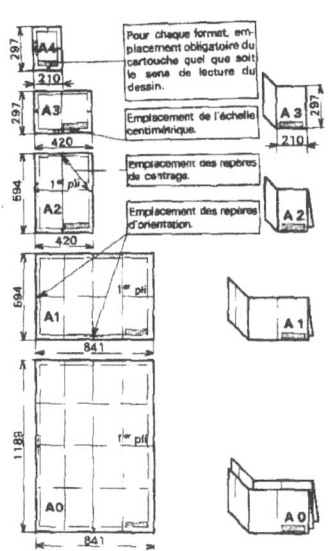 

Combien y a-t-il d'A4 dans un A1 ?

II - Le facteur d'échelle.

Dans la réalité, les objets ou les constructions dépassent la dimension de notre feuille. Il est donc nécessaire de réduire ces dimensions afin de pouvoir dessiner ces objets. Nous allons diviser ces dimensions par un nombre. Ce nombre sera appelé le facteur d'échelle.

Par exemple, le facteur d'échelle d'un plan de la maison est de 1/50. C'est-à-dire que toutes ces dimensions réelles ont été multipliées par 0,02 ; ce qui nous permet de dessiner la maison sur notre feuille A4.

1- La notation de l'échelle

Nous avons l'habitude de noter l'échelle par une fraction lorsqu'il s'agit d'une réduction :

$Echelle : \dfrac{1}{50}$

Pour un agrandissement, comme par exemple la photo d'une coccinelle, nous affectons simplement un facteur multiplicateur :

$Echelle : 6$

Mesurer la coccinelle et calculer sa longueur réelle sachant que l'échelle = 6.
Réponse :

I. LES PLANS TECHNIQUES

En technologie, il existe plusieurs types de plans.

5- Le cadastre « Implantation »

Depuis 1803, la France entière a été dessinée. Ce relevé cartographique s'appelle le cadastre. Le plan est effectué, en général, à l'échelle 1/2000.

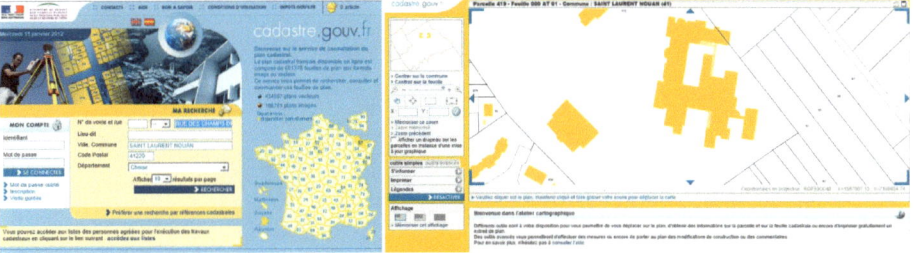

Le cadastre est disponible sur le site http://www.cadastre.gouv.fr.

2- Les plans d'architectes

Les maisons sont généralement dessinées à l'échelle 1/50.

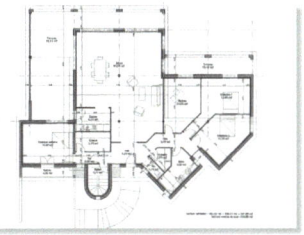

3- Les plans d'architectes d'ouvrages d'arts

Les ponts ou les autres infrastructures sont généralement dessinés à l'échelle 1/200.

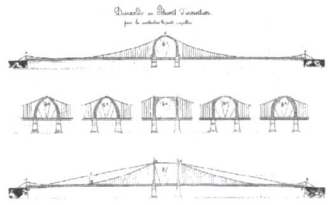

4- Les plans d'ensemble et de détail.

Il existe des plans d'ensemble et de détail.

Les plans d'ensembles représentent l'objet avec tous les éléments qui le composent.

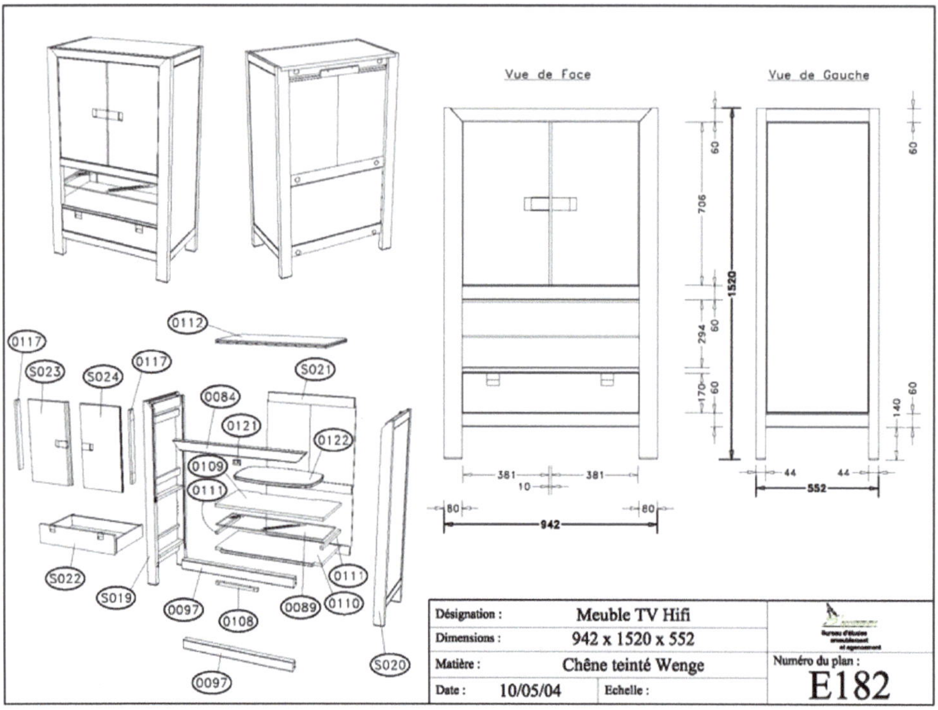

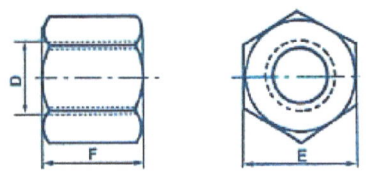

Les plans de détails représentent individuellement les objets qui composent les ensembles.

Qu'est-ce que c'est ?
Réponse :

I. LA MESURE DES HAUTEURS EN ARCHITECTURE

1 ANALYSE DU BESOIN

Si la mesure des longueurs et des largeurs d'un bâtiment existant ne pose presque pas de problème. Il en va autrement pour mesurer la hauteur.

2 ETAT DE L'ART

Déjà en -600 Av J-C, Thalès a impressionné le Pharaon d'Egypte en lui mesurant la hauteur des pyramides. Pour arriver à cette mesure, il a attendu l'heure de la journée pendant laquelle la longueur de son ombre correspondait à sa hauteur. Ensuite, il a mesuré la longueur de l'ombre de la pyramide, qui, à cette heure précise, correspondait à sa hauteur.

Nous connaissons, donc, depuis ce temps le théorème de Thalès. Ce théorème est amplement utilisé par les bûcherons. Il suffit de reculer de 10 pas environ, soit environ 10 mètres, d'allonger le bras et de compter le nombre de mains. Si l'arbre mesure deux hauteurs de mains, il est bon à couper.

Nous pouvons reprendre cette technique pour mesure les bâtiments.

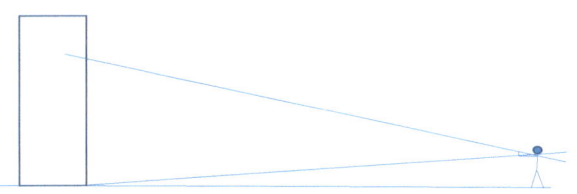

Le calcul est assez simple. La distance entre le clocher et le point-photo est de 63 pas, de 0,7 m, soit environ 44 m. La longueur du bras est de 0,7 m et l'écartement des doigts de la main est de 0,2 m.

Le théorème de Thalès nous dit que la distance entre la tour divisée par la longueur du bras nous donne un facteur homothétique. La main s'incrit 1 fois sur le clocher. En multipliant la hauteur de la main par ce facteur homothétique, nous trouvons la hauteur réelle de la tour.

L'application numérique nous donne :

Facteur homothétique = 44 : 0,7 = 63
Hauteur de la tour = 63 x 0,2 x 1 = 12.6 m

Nous trouvons là une bonne approximation à 10%.

3 LE HAUTEUR-METRE

Schématiser un outil remplaçant le bras et la main du photographe.

3-1 Cahier des charges

- Le bras mesure 70 cm
- La main mesure 20 cm

3-2 Faisabilité

Schématisez l'outil dans le cadre ci-dessous à l'échelle 1/5, et cotez l'outil.

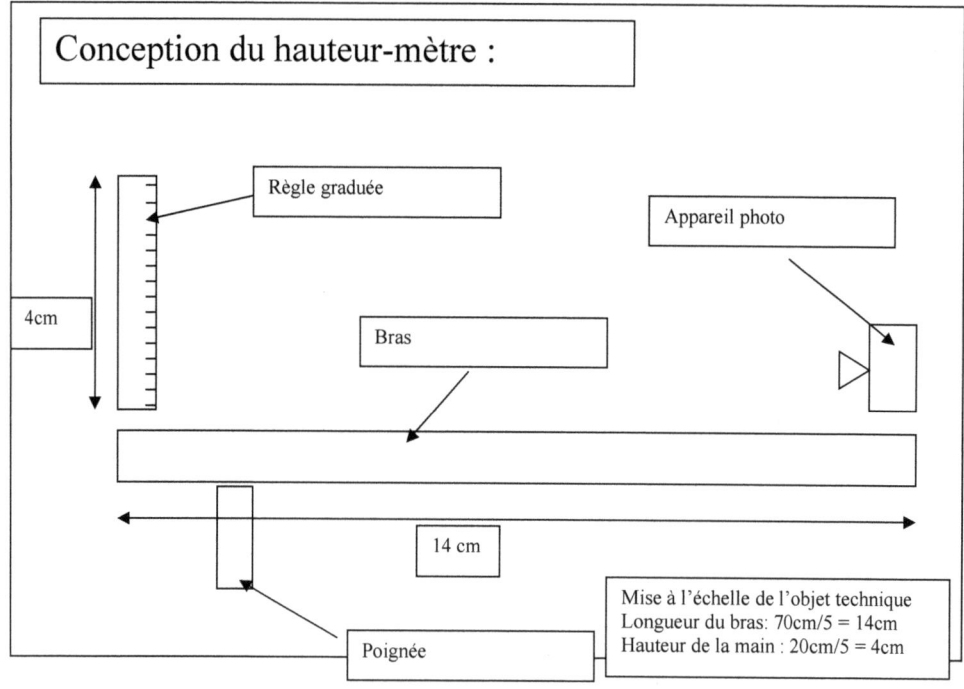

Conception du hauteur-mètre :

Règle graduée

Appareil photo

4cm

Bras

14 cm

Poignée

Mise à l'échelle de l'objet technique
Longueur du bras: 70cm/5 = 14cm
Hauteur de la main : 20cm/5 = 4cm

Il est important de se poser la question : Pour quels usages réalise t-on des constructions ?

Nous pouvons observer autour de nous trois grands types de constructions :

Les bâtiments : Les bâtiments protègent et abritent les êtres vivants des conditions atmosphériques (pluie, vent, soleil, etc ...). Ils forment des lieux de vie qui peuvent être subdivisés en deux sous-familles répondant à des fonctions de service :

Les bâtiments nous protègent-ils seulement des conditions atmosphériques ?

Qu'est-ce que c'est ?.

Les bâtiments individuels : pavillon, appartement, etc ...

Quelle différence y a t-il entre un pavillon et un appartement ?

Un pavillon est une habitation individuelle et un appartement fait partie d'une habitation collective.

Les bâtiments collectifs : hôpitaux, collège, entreprise, etc ...

Schéma fonctionnel d'un lycée :

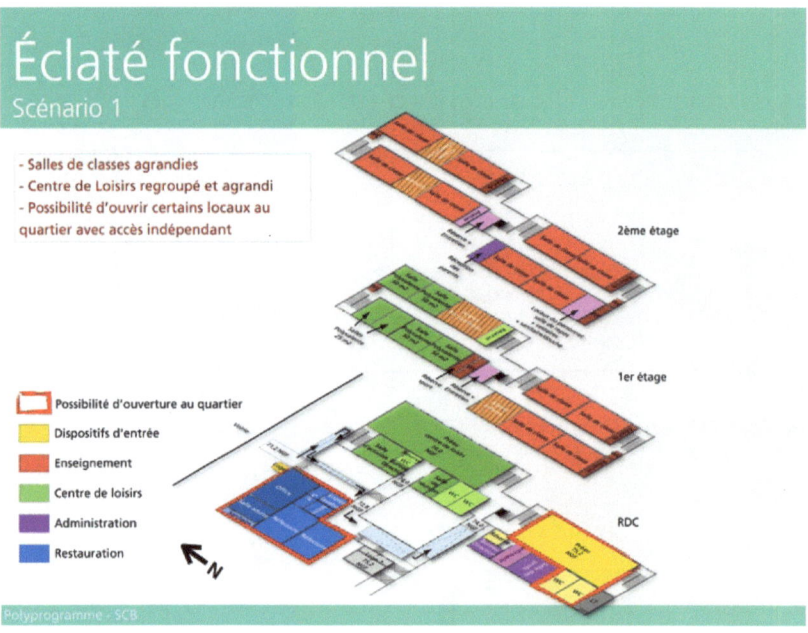

éaliser le schéma fonctionnel de votre collège :

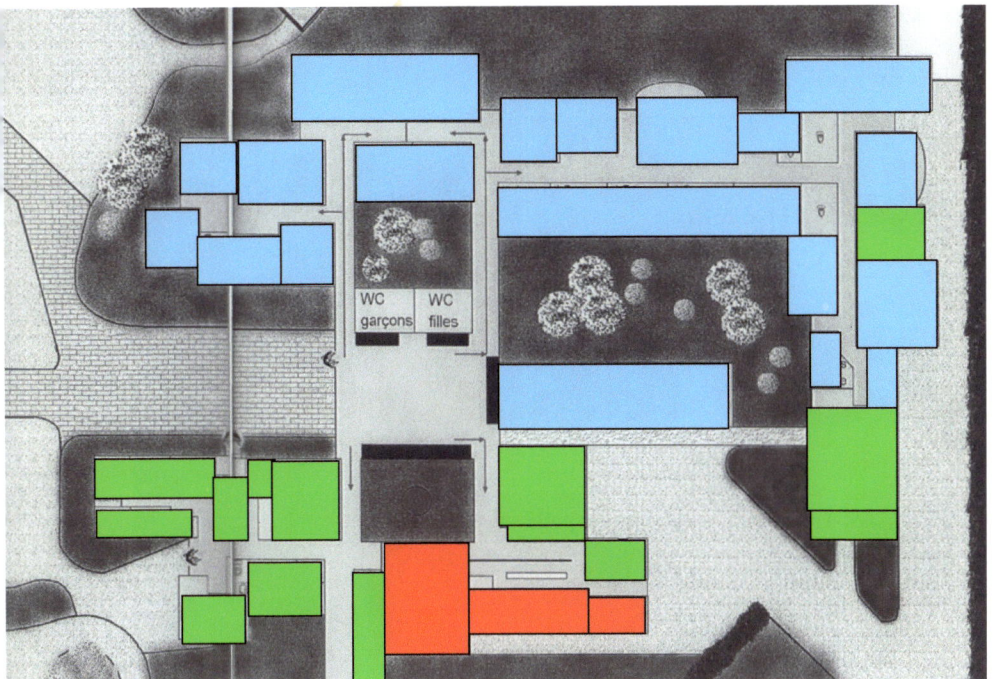

Colorier en reprenant la légende utilisée pour le schéma fonctionnel du lycée précédent :

Salle de cours

Restauration

Administration

Les ouvrages d'art : Les ouvrages d'art sont nécessaires pour se déplacer. Il s'agit des routes, des ponts, des tunnels, des canaux, etc ... Mais, ils sont aussi nécessaires pour produire de l'énergie. Il s'agit des barrages, des éoliennes, etc... Ils doivent résister aux lourdes charges, aux intempéries, aux séismes, etc ...

Qu'est-ce que c'est ?.

Qu'a-t-il pu se passer ? Donner plusieurs hypothèses.

Viaduc de Millau   Pont de St Nazaire

En regardant les deux infrastructures précédentes, le viaduc de Millau et le pont de St Nazaire,

Quelle différence y a-t-il entre un viaduc et un pont ?

Les aménagements extérieurs : Afin de rendre plus agréable notre cadre de vie, nous construisons des abris, des parkings, des jardins, etc ... Ils doivent répondre à des fonctions de services.

Selon vous, quels peuvent être les problèmes de ce parking ?

Quelles sont les fonctions de cet abri bus ?

L'organisation structurelle d'un bâtiment : L'organisation structurelle correspond aux différentes formes et volumes d'un bâtiment. Cela permet de diversifier l'architecture et, donc, de ne pas subir de monotonie environnementale.

Décrivez votre impression en voyant la pyramide du Louvre.

Des constructions répondant aux mêmes fonctions d'usages ou de services peuvent être :

Réalisées avec des matériaux différents : Par exemple, une maison en bois, en briques, en moellon, en pierre de taille, en béton ou parpaings, etc ...

Faire correspondre un numéro au type de maisons :

Maison de bois :   Maison en béton :   Maison en moellon :

Maison en pierre de taille :   Maison en parpaing :   Maison en brique :

Ou avec différents principes techniques de réalisation : Par exemple, des ponts à arcs, des ponts suspendus ou des ponts à arches.

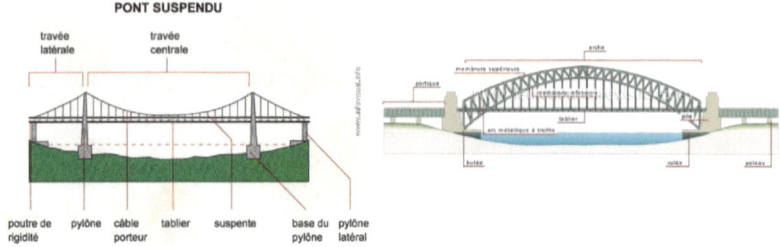

Le Pont de Muide-sur-Loir est-il à arcs ou suspendu ? C'est un pont à arcs.

Par ailleurs, suivant les matériaux utilisés, les principes de réalisation diffèrent.

Quel est le matériau utilisé pour le viaduc de Garabit et pour le vieux pont de Blois ?

- Garabit :

- Blois :

l'influence de la société sur les constructions : L'évolution de la démographie, des besoins ou les modes de vie favorisent la réalisation de nouvelles constructions ou la modification de constructions existantes.

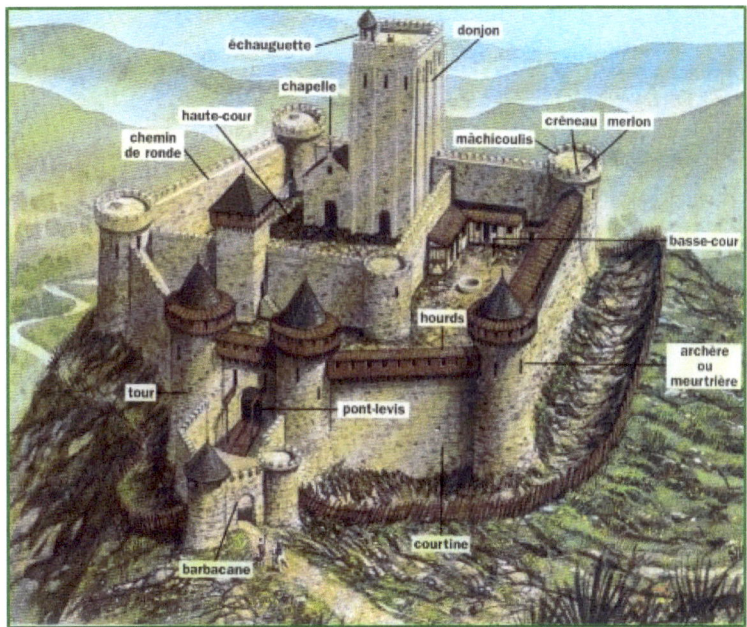

Au moyen-âge, tous les villages sont fortifiés : pourquoi ?

Porte côté au XVIIIème   Rue porte coté au XIXème

Au XIXème siècle, de grandes avenues on été réalisées dans les grandes villes : pourquoi ?

Pourquoi l'ancienne chocolaterie Poulain à Blois a-t-elle été transformée en centre universitaire ?

Par exemple, l'accroissement du nombre d'élèves scolarisés favorise la construction d'établissements pouvant les accueillir ou la modification des normes de sécurité oblige l'adaptation ou la reconstruction après démolition d'anciens établissements.

Aujourd'hui, la chocolaterie a été reconstruite dans la zone industrielle de Blois : pourquoi ?

L'influence de l'économie sur les constructions : Le développement de la consommation ou le mode de consommation favorise la conception et la réalisation de nouvelles constructions, notamment les centres commerciaux.

Comparer la rue du commerce à Blois avec une galerie commerciale : donner les avantages et les inconvénients de ces deux structures.

Cependant, nous devons noter que la préservation de notre patrimoine immobilier d'un point de vue historique impose quelquefois la réhabilitation de bâtiments plutôt que leur destruction.

Que peut-on faire dans la Halle aux Grains de Mer ?

Quelle est la stratégie d'évolution des Zones à Urbaniser en Priorité (ZUP de Blois) ?

Quel est, selon vous, le problème actuel des cités ?

Les contraintes de construction

Dans ce chapitre, nous aborderons les contraintes de construction.

Une construction est soumise à des contraintes de construction notamment dues à son environnement. Nous détaillerons les contraintes environnementales, les contraintes d'usage, les contraintes de sécurité, les contraintes de développement durable et les contraintes d'esthétique.

Associer une image aux contraintes suivantes :

Contraintes environnementales : Les constructions devront se trouver à plus de 50 mètres de la falaise. =>

Contraintes d'usage : La construction doit prévoir le passage des personnes à mobilité réduite =>

Contraintes de sécurité : Les matériaux combustibles ne doivent pas excéder 50% de la construction.=>

Contraintes de développement durable : La pollution urbaine doit être limitée (bruit et gaz nocif). =>

Contraintes d'esthétique : Les constructions doivent se fondre dans l'environnement. =>

3

Les contraintes environnementales :

Les contraintes environnementales répondent à des critères indépendants de l'homme. Il s'agit notamment des risques imposés par le milieu naturel.

Associer une image aux contraintes suivantes :

Contraintes environnementales : Les constructions ne doivent pas se situer à proximité du volcan. =>2

Contraintes environnementales : Les constructions doivent avoir des toitures pouvant supporter la neige. =>

Contraintes environnementales : Les constructions doivent être parasismiques. =>

Contraintes environnementales : Les constructions doivent être sur pilotis. =>

Contraintes environnementales : Les constructions doivent disposer d'abris sûrs en cas de tempêtes. =>

Contraintes environnementales : Les constructions ne doivent pas être construites dans les chenaux d'avalanches. =>

es contraintes géologiques : La nature du sol peut être divers et varié. Nous pouvons trouver un sol ablonneux, argileux ou rocheux. Chaque construction devra être adaptée par ses fondations à la nature u sol.

Mettre en couleur les zones géologiques du Loir et Cher :

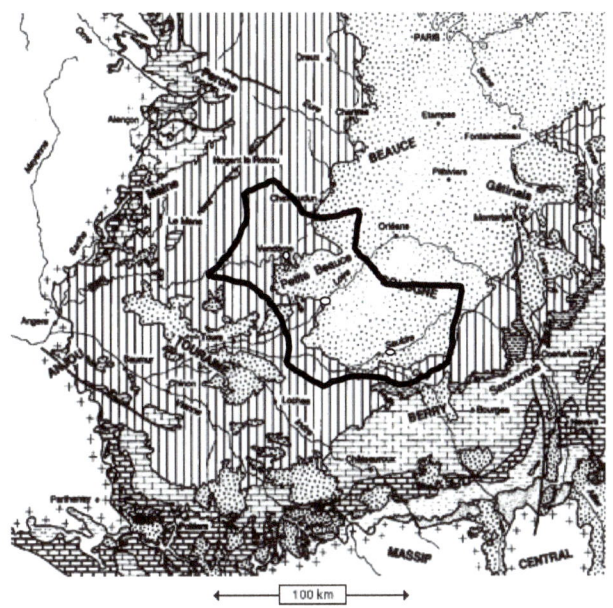

- Terrains tertiaires : argiles, sables et calcaires lacustres
- Crétacé supérieur : craies et tuffeaux
- Crétacé inférieur : sables et argiles
- Jurassique supérieur : calcaires et marnes
- Jurassique moyen : calcaires
- Jurassique inférieur : marnes
- Trias : sables, grès et argiles
- Socle : roches granitiques et métamorphiques

Sur un terrain argileux ou sablonneux, la semelle sur poteaux est privilégiée.

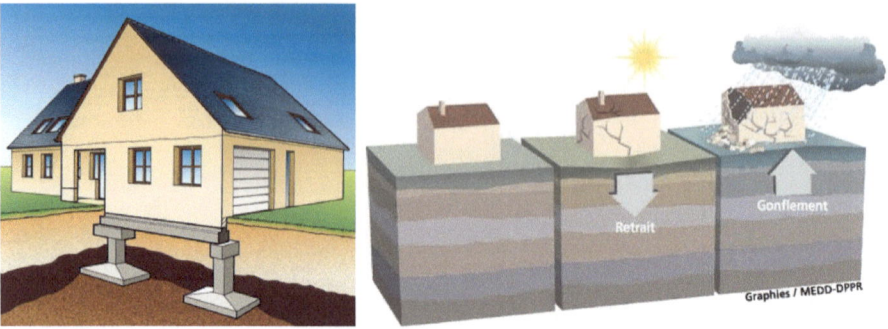

Sur un terrain rocheux, la semelle filante est privilégiée.

Sur un terrain présentant des cavités naturelles ou artificielles, que choisiriez-vous comme type de fondations ? Filantes ou sur poteaux ?

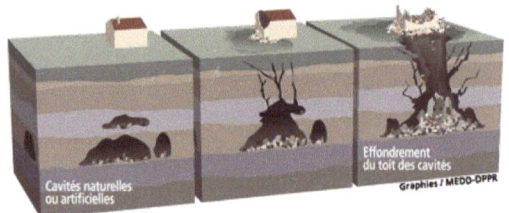

Justifier votre choix :

Les contraintes climatiques : Certaines zones peuvent être soumises à des contraintes climatiques cycliques, notamment les tornades (Centre des USA), des inondations (ASIE du Sud-Est), ou la neige (Pays Nordique). Mais, plus proche de nous, la construction en zone inondable notamment due aux crues des rivières ou dans les zones du littorale soumises à la montée des eaux, impose des contraintes. Les solutions classiques de construction sont le rehaussement par pilotis ou l'interdiction de construction.

Blois « Le Déversoir de la Bouillie »

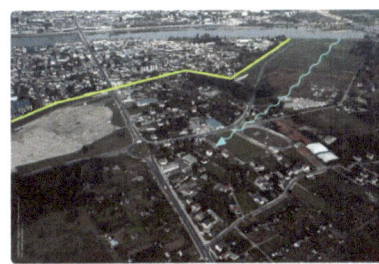 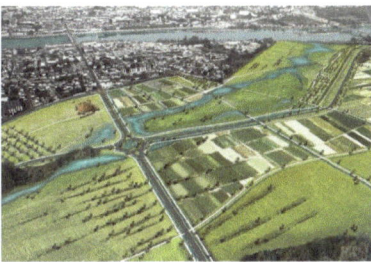

Le projet actuel prévoit l'expropriation des habitants et propose la création d'un parc naturel.

Les habitants ont-ils raison de défendre leur quartier contre la destruction ?

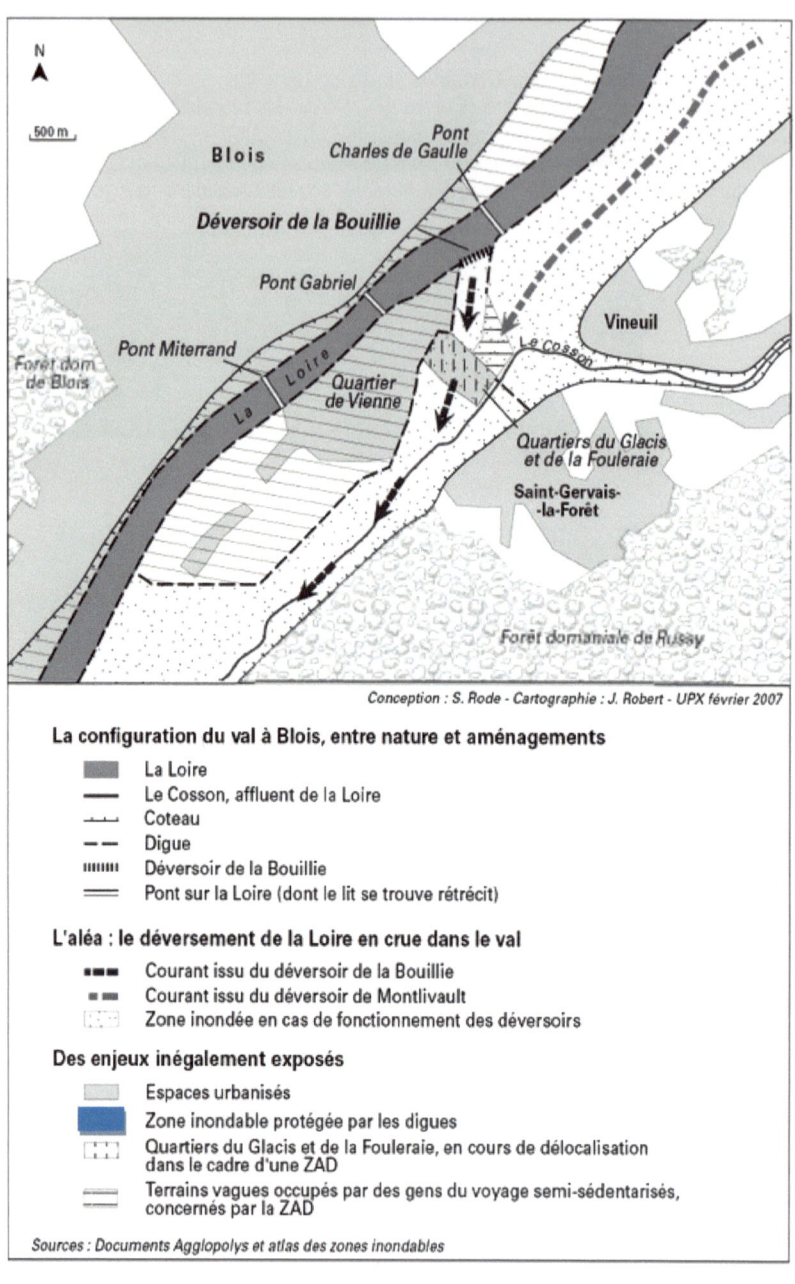

Conception : S. Rode - Cartographie : J. Robert - UPX février 2007

La configuration du val à Blois, entre nature et aménagements

La Loire
Le Cosson, affluent de la Loire
Coteau
Digue
Déversoir de la Bouillie
Pont sur la Loire (dont le lit se trouve rétréci)

L'aléa : le déversement de la Loire en crue dans le val

Courant issu du déversoir de la Bouillie
Courant issu du déversoir de Montlivault
Zone inondée en cas de fonctionnement des déversoirs

Des enjeux inégalement exposés

Espaces urbanisés
Zone inondable protégée par les digues
Quartiers du Glacis et de la Fouleraie, en cours de délocalisation dans le cadre d'une ZAD
Terrains vagues occupés par des gens du voyage semi-sédentarisés, concernés par la ZAD

Sources : Documents Agglopolys et atlas des zones inondables

Colorier, en bleu sur la carte, la zone inondable en cas d'usage du déversoir.

Les contraintes sismiques : Les zones situées sur les failles tectoniques sont propices aux tremblements de terre. Les constructions doivent être adaptées notamment par des matériaux absorbant les vibrations.

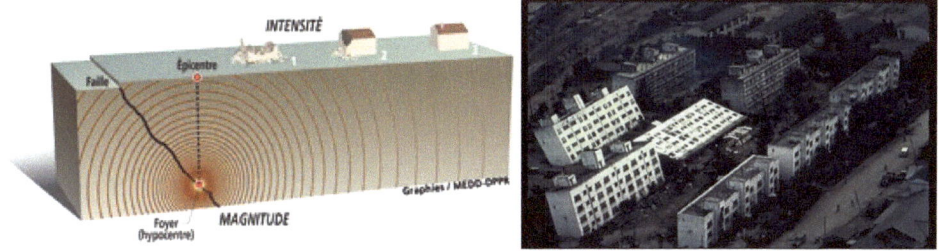

Depuis 2010, le risque sismique est pris très au sérieux en France.

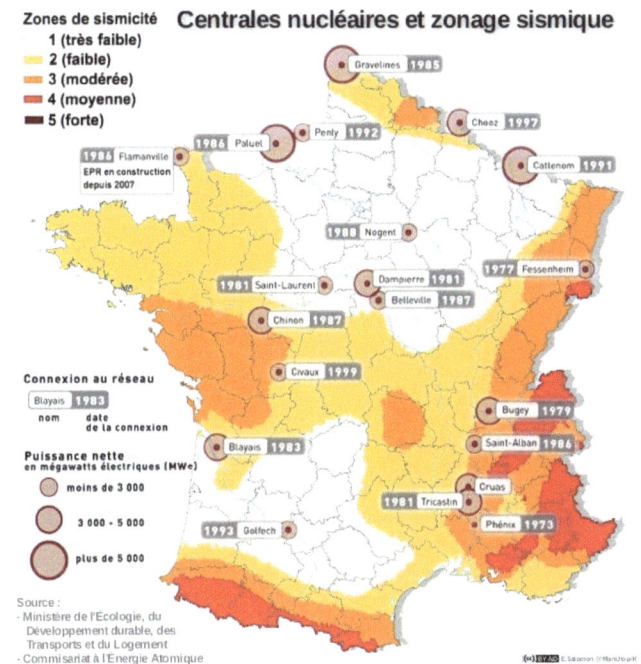

Y a-t-il un risque de séisme dans le Loir et Cher ?

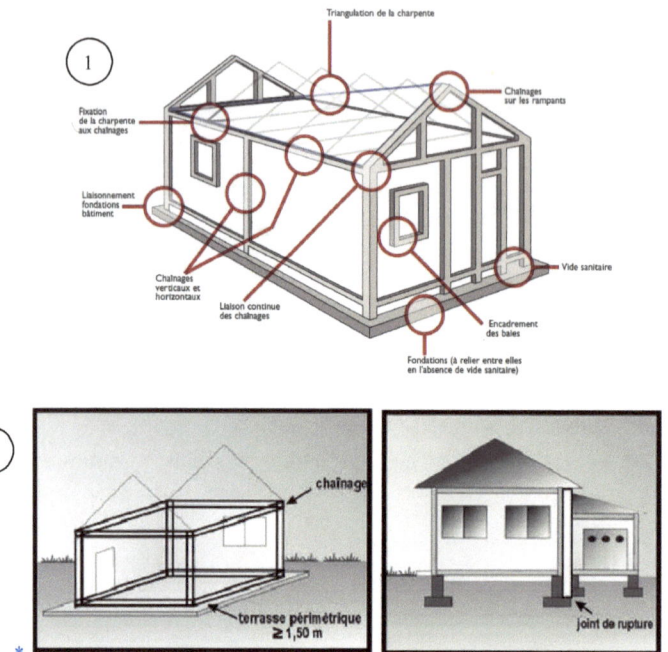

L'une de ces deux structures est parasismique : laquelle selon vous ?

La structure parasismique est la maison N°1. Elle dispose de beaucoup plus de poutres de chaînage que la maison N°2. Le chaînage est dans les constructions modernes un ensemble de poutres en béton armé rigidifiant l'ensemble du bâtiment. Une poutre en béton armé est un ensemble de barres métalliques noyé dans le béton.

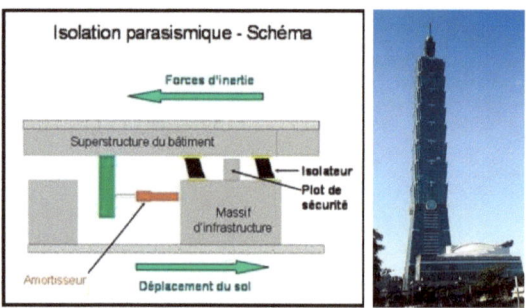

Pour les bâtiments plus importants, des mécanismes complexes sont conçus.

Les contraintes d'usage : Les contraintes d'usage répondent à des critères dépendants de l'homme : la capacité d'accueil, le confort et l'hygiène.

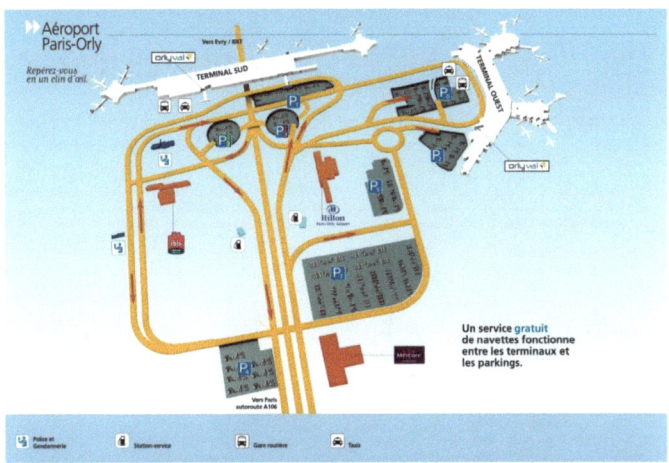

Quelles sont les contraintes d'usage d'un aéroport ?

Les contraintes ergonomiques : Suivant la capacité d'accueil, le bâtiment doit être utilisé avec le maximum de confort, de sécurité et d'efficacité par le plus grand nombre. Il s'agit d'organiser des circulations à l'intérieur, de prévoir des issues suffisantes dans le bâtiment et de prévoir l'organisation fonctionnelle du bâtiment.

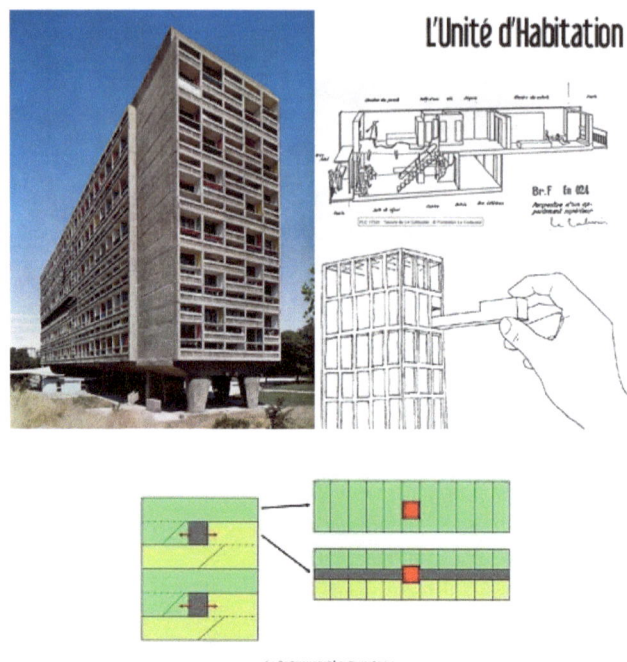

Le Corbusier "cité radieuse" type

La cité radieuse à été réalisée en 1961 par le Corbusier. Il s'agit d'un bâtiment constitué d'appartements, de commerces de salles de sport etc … C'est une véritable ville de 400 appartements.

- 137 m de long x 56 m de haut, 18 étages, 36 piliers de 7 m, le tout pour 2.000 habitants
- des couloirs assez larges pour que les voisins puissent bavarder
- commerces, école maternelle, bibliothèque, ciné club, toit-terrasse avec pataugeoire, et hôtel sont intégrés à l'immeuble
- 337 appartements avec terrasse et baie vitrée, en duplex, emboîtés 2 par 2. Chaque appartement est unique.
- 4 éléments essentiels de la construction : l'ossature, le sol artificiel, les pilotis et les fondations.

Qu'ajouteriez-vous à ce bâtiment pour vous sentir comme dans une maison individuelle ?

Les contraintes de fonctionnement : Les bâtiments doivent être au maximum naturellement lumineux, avoir une bonne ventilation, avoir une bonne isolation acoustique intérieure ou extérieure.

 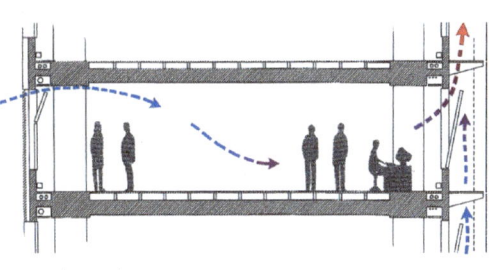

A votre avis, un bâtiment vitré peut-il répondre aux trois grandes contraintes de fonctionnement ?

La convection naturelle est un principe physique par lequel l'air s'élève lors qu'il s'échauffe. Cela produit un mouvement de l'air.

Le long des façades vitrées, y a-t-il une convection naturelle ?

Les contraintes de sécurité : Les bâtiments doivent disposés d'issues suffisantes. Les ascenseurs doivent être associés à des escaliers. Des évacuations de fumées doivent être prévues pour les cas d'incendie.

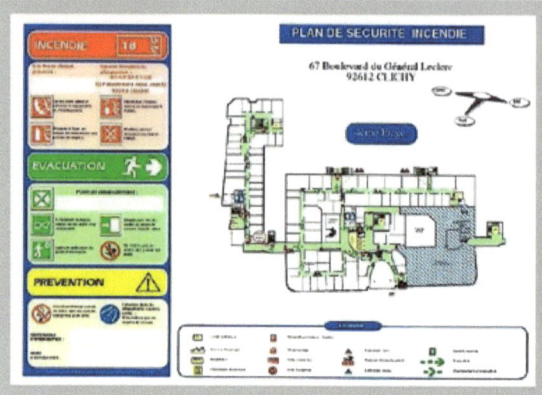 

Doit-on obligatoirement afficher le plan d'évacuation d'incendie ? Justifiez votre réponse.

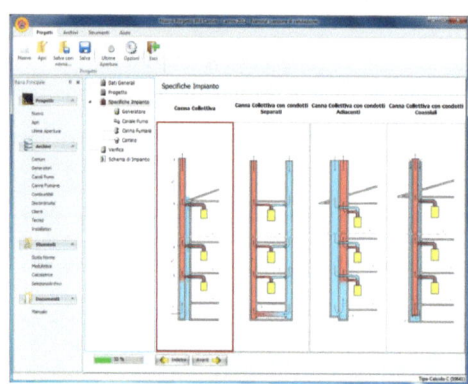

Par quel principe physique s'évacue la fumée dans le conduit d'évacuation des fumées ?

Les contraintes de développement durable : Les contraintes de développement durable sont des contraintes récentes. Les objectifs sont de maîtriser les impacts sur l'environnement extérieur et de créer un environnement intérieur sain et confortable préservant la santé des occupants.

Depuis 1986, la loi impose que les constructions soient réalisées à plus de 100 mètres du bord de mer. Selon vous qui ou que protège cette loi ?

- **L'impact sur l'environnement extérieur :** Les objectifs sont de préserver l'harmonie du bâtiment avec son site et le voisinage, de limiter et de faciliter l'entretien et la maintenance, d'assurer la gestion des déchets, d'assurer une bonne gestion entre l'eau potable, l'eau de pluie et les eaux usées, d'assurer une consommation d'énergie faible, de choisir des procédés et des matériaux de construction non nuisibles à l'environnement et durables dans le temps et de limiter les nuisances de construction (bruit et pollution).

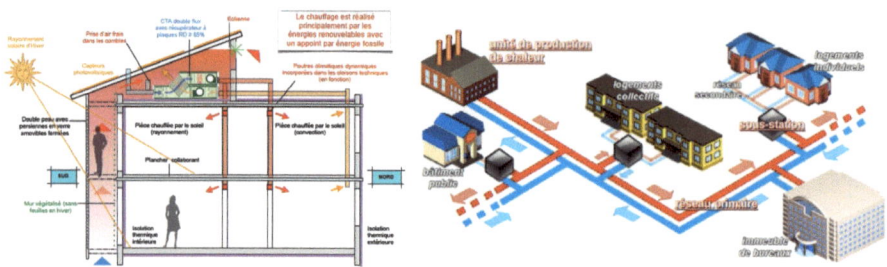

Pourquoi les réseaux de chauffage sont-ils limités dans la distance de distribution ?

A votre avis, le réseau de chauffage urbain est-il une solution d'avenir dans le cadre du développement durable ?

Qu'est-ce qu'une norme environnementale ?

- L'impact sur l'environnement intérieur : Le bâtiment doit assurer un confort acoustique, maintenir un niveau d'humidité satisfaisant au bien-être, favoriser un confort visuel par un éclairage naturel, assurer un confort olfactif en réduisant les sources d'odeur, garantir une bonne qualité de l'air, répondre aux conditions d'hygiène et garantir une bonne qualité de l'eau.

es peintures sans odeur vous garantissent une application avec **une absence totale d'émanations ocives**, toxiques ou avec un quelconque désagrément olfactif. Cela signifie que vous pouvez repeindre ne ou plusieurs pièces **sans redouter la présence d'une odeur forte** ou nuisible pour votre santé.

Que signifie ce sigle ?

| |
| |

Tous les jours, l'organisme est exposé à différentes sources de polluants (atmosphériques, alimentaires etc.).

Pouvez-vous faire une liste de tout ce qui peut polluer l'atmosphère de votre maison ?

| |
| |

Quelle est la solution pour assainir l'atmosphère d'une maison ?

| |
| |

Il est démontré qu'en ville les habitants sont plus pollués par les produits ménagers chlorés que les habitants de la campagne. A votre avis pourquoi ?

| |
| |

Les contraintes d'esthétique : Dans le souci d'intégration du bâtiment dans son environnement, il est nécessaire de les harmoniser dans certains cas au contexte historique et dans d'autres aux caractéristiques régionales. Mais aussi de trancher et d'opposer la modernité et l'ancien.

Entièrement réaménagée en Palais des Congrès, l'ancienne Halle aux Grains   Fenêtre du château de Blois (XVIe siècle)
de Blois (superbe bâtiment du XIXe siècle, classé monument historique)

Les architectes du XIXe siècle ont érigé la Halle au Grains de Blois en rappelant le patrimoine du XVIe très présent à Blois.

A quoi ressemble ce bâtiment ?

Les extensions récentes de la faculté et de la bibliothèque continuent-elles à s'inspirer du château de Blois ?

- Le style historique : Certains lieux proposent une harmonie historique. Il est nécessaire de préserver le beau des temps passés sans s'interdire d'édifier des constructions modernes pouvant souligner la poésie de l'endroit. Nous pouvons réfléchir sur la pyramide du Louvre à Paris. Si ce bâtiment rompt avec le style architectural, il préserve la vue d'ensemble. Il évoque la modernité et rappelle l'une des sept merveilles du monde (Pyramides de Gizeh). Toute nouvelle construction dans un site historique doit respecter les formes, les éléments de décoration et éventuellement les matériaux.

Le château de Troussay prés de Cheverny présente un grand nombre d'extensions réalisées au XIXème siècle, est-ce que l'harmonie historique a été respectée ?

Le château de Pierrefonds (60), aujourd'hui monument historique, a entièrement été restauré au XIXème siècle par Violet Leduc.

Les ruines méritent-elles d'être restaurées ? A quoi peuvent servir ces restaurations ?

Le style régional : Le style régional est généralement lié à l'adaptation des habitations, au climat, aux modes de vie et aux matériaux présents sur place : couvertures plus au moins pentues afin d'évacuer rapidement l'eau, en ardoises ou en tuiles, voire en bois ou en chaume, murs en grès, en colombages, en moellon, en briques ou en granite. L'organisation des pièces à vivre peuvent aussi différer selon les régions.

L'HABITAT TRADITIONNEL

Pourquoi trouve t-on une telle diversité de construction ?

- Le style contemporain : Devant l'évolution des techniques de construction, l'introduction de matériaux nouveaux comme le verre, le bois, l'acier ou le béton armé, il devient nécessaire d'adapter les constructions à la situation environnementale afin de conserver une identité régionale et historique et de ne pas dériver vers une monotonie architecturale dépourvue de charme.

Maison du Val de Loire :

Maison Bretonne :

Maison de Provence :

Pourquoi se doit-on de préserver une identité régionale ?

L'adaptation des constructions aux usages ou contraintes

Dans ce chapitre, nous aborderons le problème de l'adaptation des bâtiments à de nouveaux usages ou contraintes. Effectivement, notre environnement est constitué de bâtiments et d'infrastructures utiles en leurs temps à divers usages. Devant l'évolution sociale et économique, nombre de ces constructions doivent être adaptées à de nouveaux usages ou contraintes.

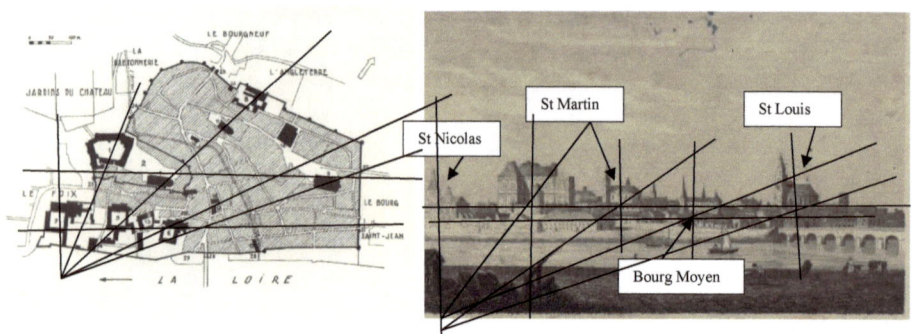

A partir du plan ci-joint donner un numéro aux églises repérées sur la gravure.

- Saint Nicolas   - Saint Martin   - Saint Louis   - Eglise du Bourg Moyen

Le Vandalisme, le terme apparaît en 1793 pour être popularisé le 10 janvier 1794 par Henri Grégoire, dit « l'Abbé Grégoire », Evêque constitutionnel de Blois, dans son rapport adressé à la Convention, où il utilise le mot pour désigner l'attitude destructrice d'une partie de l'Armée Républicaine. L'Abbé Grégoire veut ainsi protéger le patrimoine artistique de l'Ancien Régime afin d'en faire bénéficier le peuple. Il écrit dans ses *Mémoires* : « Je créai le mot pour tuer la chose »

Quelles sont les églises qui ont disparu à la Révolution Française ?

sieurs solutions s'offrent à nous. La plus courante est de détruire et reconstruire une structure orrespondante aux évolutions. Cependant, bon nombre de bâtiments présentent un intérêt architectural t souvent participent à l'identité historique d'une ville, d'un village ou d'une région.

lace Louis XII à Blois l'ancien théâtre était construit sur d'anciennes caves remarquables appartenant ans doute à l'Abbaye du Bourg Moyen, ce qui implique déjà une modification ancienne des bâtiments.

listoire : En 1806, ouverture d'une première salle de spectacle dans l'ancien bâtiment aux hommes et apothicairie de l'Hôtel-Dieu. Les travaux d'aménagement interviennent entre 1806 et 1810. Les tructures du bâtiment ne sont pas modifiées, particulièrement l'étage de soubassement du 13e siècle. A artir de 1869, l'ancien bâtiment est conservé. Seule la façade principale sur la Place Louis XII est econstruite par l'Architecte Jules de La Morandière. Les aménagements intérieurs et le décor sont œuvre du décorateur, Barbereau Saint-Léon. Au moment des bombardements de 1940, le théâtre est un des rares bâtiments de la ville basse épargné par les bombes. Lors du projet de reconstruction des uartiers sinistrés, il n'est pas intégré dans le nouveau plan d'urbanisme et sera détruit en 1958.

Que pensez-vous de cet aménagement et notamment de la destruction du théâtre?

Cette prise de conscience de l'intérêt historique est récente. Bon nombre de bâtiments ont disparu depuis la Révolution Française. Aujourd'hui, les centres urbains sont protégés par l'organisme des Bâtiments de France pour faire face à ce que l'on appelle le vandalisme urbain.

Il est dorénavant nécessaire de concilier les bâtiments anciens et modernes !

Située face au château royal de Blois dans une grande maison bourgeoise de 1856 et inaugurée le 1er juin 1998, il s'agit du seul musée public en Europe à présenter en un même lieu des collections de magie et un spectacle vivant permanent. A l'intérieur, sur plus de 2000 m² répartis sur cinq niveaux, plongez dans l'univers de la magie. Découvrez l'histoire de la magie, la vie et l'œuvre de Robert Houdin ainsi que des expositions inédites et des illusions d'optique en tout genre.

Quelle est la superficie de chaque niveau ? (en m²)

1962 : L'objectif de la Loi Malraux est de préserver l'aspect de quartiers entiers à tous les niveaux pertinents : façades, rues, cours, toitures ... La loi voulait en même temps adapter ces quartiers à la vie moderne. Pour y parvenir, elle mettait un vaste éventail d'actions à la disposition de l'État : rénovation de bâtiments, amélioration de la voirie, création de petits espaces verts, voire création de parcs de stationnement dans les cours intérieures.

Aujourd'hui, les bourgs de nos villes et de nos villages sont protégés par un périmètre sauvegardé ou toute modification est soumise à l'approbation des Monuments Historiques.

L'adaptation de cette maison bourgeoise du XIXème siècle en musée correspond-t-elle à ce que prévoit la loi Malraux ?

La modification d'une construction : L'évolution sociale et économique impose souvent la réhabilitation ou la réorganisation d'anciens bâtiments. Les fonctions d'usage sont, dans la plupart des cas, modifiées.

La Caserne Maurice de Saxe à Blois est aujourd'hui réhabilitée en lotissement pour étudiants, construit sur l'ancien champ de manœuvre. Les anciens bâtiments sont actuellement restructurés afin d'héberger des touristes.

A la lecture de cet aménagement, que pouvez-vous dire sur la politique urbaine de la ville de Blois ?

Les habitats individuels : La modification d'une construction intervient souvent pour satisfaire une nouvelle fonction de service. La structure primaire de l'habitation peut être modifiée par l'ajout de surfaces habitables comme la construction d'un étage supplémentaire ou la création d'une véranda, mais plus simplement, par la réorganisation ou la création de pièces supplémentaires et par la modification des cloisons.

Des précautions sont-elles à prendre pour surélever une maison ?

Quelle différence y a t-il entre ces deux extensions ?

Les habitats collectifs : Certaines constructions peuvent évoluer au cours du temps sans changer de fonction et de service. Il s'agit alors de l'adapter à des contraintes liées à son usage, notamment dues à l'évolution des contraintes de fonctionnement, d'ergonomie ou de sécurité.

Collège (2002)   Collège (2011)

Repérer en entourant en bleu sur la photo satellite de 2011 l'aménagement supplémentaire.

D'autres sont catégoriquement réaménagées pour des usages différents. Nous pouvons prendre l'exemple de la chocolaterie « Poulain » à Blois construite sur l'emplacement des jardins du Château de Blois après la Révolution Française. L'ancienne usine accueille maintenant l'école d'ingénieurs, l'école du paysage et bientôt peut-être l'IUT.

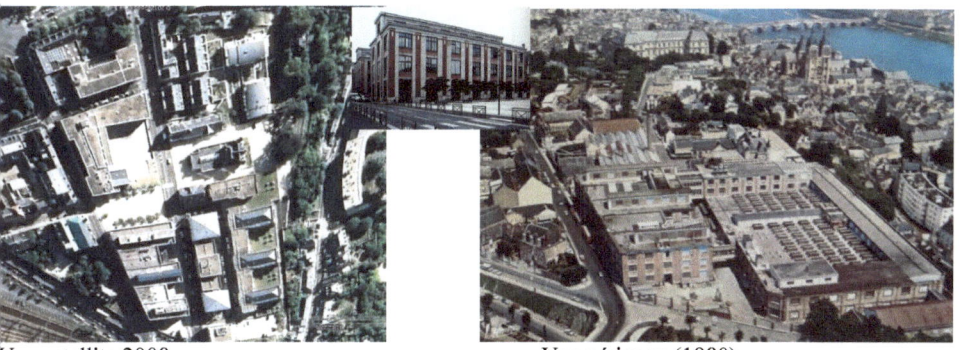

Vue satellite 2008   Vue aérienne (1980)

Seule une partie des bâtiments ont été transformées, le reste à été détruit.
Cocher d'une croix les bâtiments détruits.

<u>Les infrastructures</u> : Les infrastructures doivent dans tous les cas évoluer avec leur environnement notamment du à l'évolution du transport. Si, au début du siècle dernier, une majorité de communes étaient desservies par le train, aujourd'hui ces lignes de chemin de fer ont disparu. Cependant, il reste souvent des ponts, des gares nous rappelant la présence du passé du train.

Détruit pendant la guerre aujourd'hui, il ne subsiste plus que les piles du pont et plus d'un kilomètre de pont situé dans la partie inondable de la Loire.

La structure de base existe mais reste inexploitée.

Que feriez-vous pour employer de nouveau cette structure ?

Les études et projets : Pour tout projet de construction ou de réhabilitation, il est nécessaire de réaliser une étude.

Pour toute nouvelle construction, il est nécessaire de trouver un terrain viabilisé ou viabilisable.

Terrain viabilisé   Terrain viabilisable

Quelle différence y a-t-il entre un terrain viabilisé et un terrain viabilisable ?

Attention : il existe des zones inconstructibles, donc non viabilisable ! Il est nécessaire de consulter le plan d'occupation des sols (POS) de la commune.

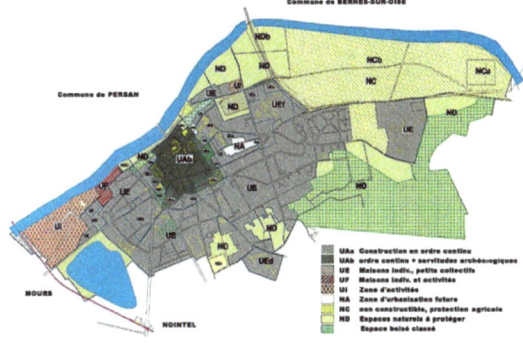

61

Dans le cas d'une réhabilitation, il est nécessaire de s'informer sur le coefficient d'occupation du sol (COS). Il s'agit du rapport entre la surface habitable et le terrain. Le COS est déterminé par un plan d'occupation des sols (POS), voté par la mairie.

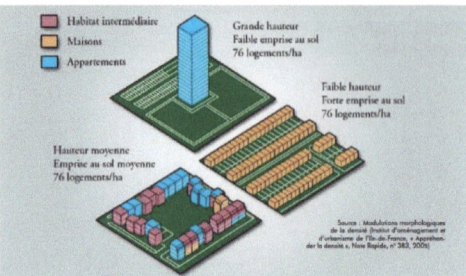

Dans le cas d'une rénovation d'une grange :

Le terrain de cette grange est de 800 m². La surface de la grange au sol est de 200 m². L'aménagement des combles peut générer 100 m² supplémentaires.

Le COS est de 0.3, soit la surface habitable doit être d'un tiers de la surface de terrain.

Quelle sera la surface habitable autorisée ?

Les études des sols : La nature du sol peut être diverse et variée. Chaque construction devra être adaptée par ses fondations à la nature du sol. Une information géologique auprès du Bureau de Recherche Géologique et Minière (BRGM) est nécessaire.

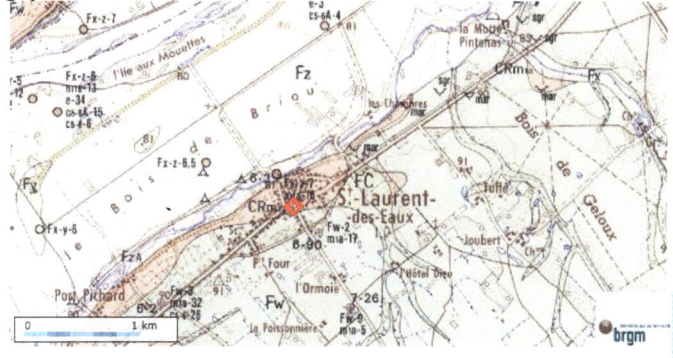

Cette carte géologique détermine plusieurs zones géologiques.
On peut aussi pratiquer des sondages supplémentaires pour connaître la nature du sol.

Qu'ont oublié de faire les propriétaires de la maison de gauche ?

Que font ces hommes ?

- **L'étude de l'existant :** Dans le cas de réhabilitation ou d'extension d'anciens bâtiments, il est nécessaire de savoir si la structure existante peut supporter de nouveaux aménagements.

Vérification de la toiture :

Pourquoi prendre conscience de l'état de la toiture est primordial avant de commencer tout projet ?

Vérification des murs :

Pourquoi prendre conscience de l'état des murs avant de commencer tout projet ?

Les études environnementales : Il est nécessaire d'évaluer les nuisances que produira le bâtiment sur son extérieur et d'évaluer les nuisances existantes extérieures auxquelles sera soumis le bâtiment. Les nuisances étudiées peuvent être le bruit, l'harmonie visuelle, la circulation ou la pollution.

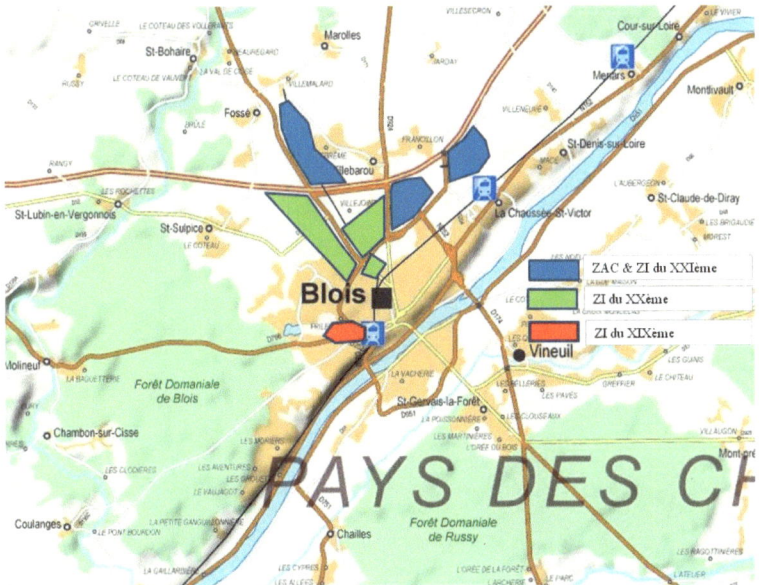

Pourquoi les industries du XIXème siècle à Blois ont pratiquement disparu ?

La modélisation numérique : La modélisation numérique est réalisée avec des logiciels de Conception Assistée par Ordinateur (CAO). La modélisation permet de définir intégralement une construction et de la visualiser dans son environnement. Des logiciels de calculs complémentaires permettent de vérifier la résistance du bâtiment vis à vis des contraintes internes et externes ou d'évaluer les nuisances (simulation de la circulation, des pollutions sonores, etc...)

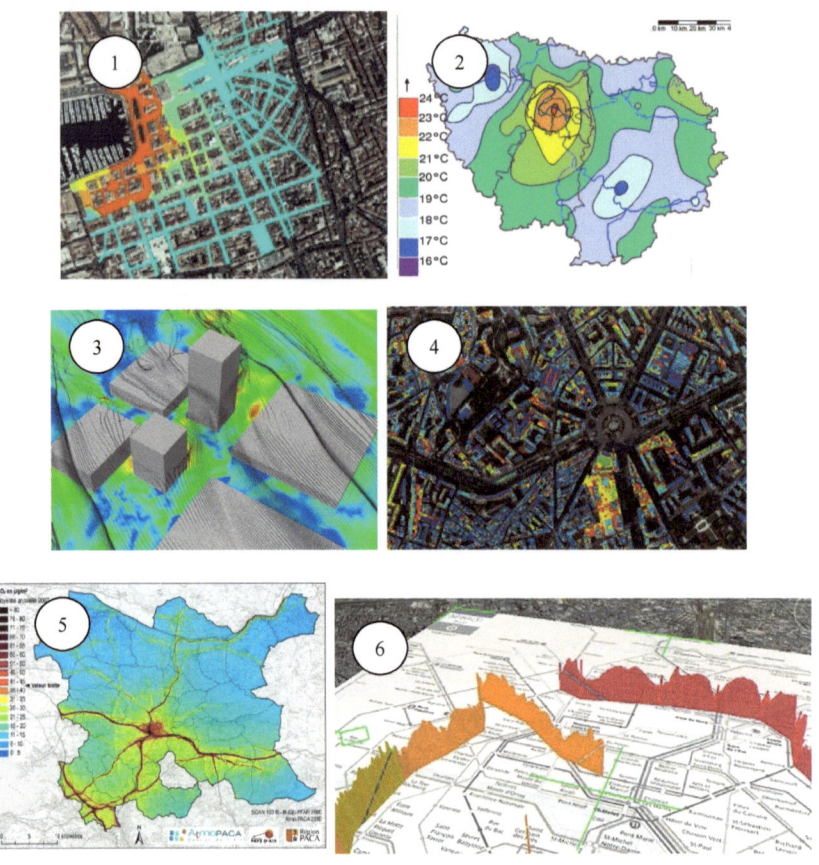

Identifier les différentes analyses de l'environnement urbain :

- Pollution des gaz d'échappement :   - Pollution sonore :   - Thermographie :

- Ecoulement des eaux de pluie :   - Pollution calorifique :   - Ecoulement du vent :

Les représentations d'un projet : Un projet de construction est soumis à des règles de construction ou d'urbanisme. Chaque projet est donc soumis à l'approbation par des professionnels par le dépôt du permis de construire. Le permis de construire est constitué essentiellement de plans permettant la compréhension du projet.

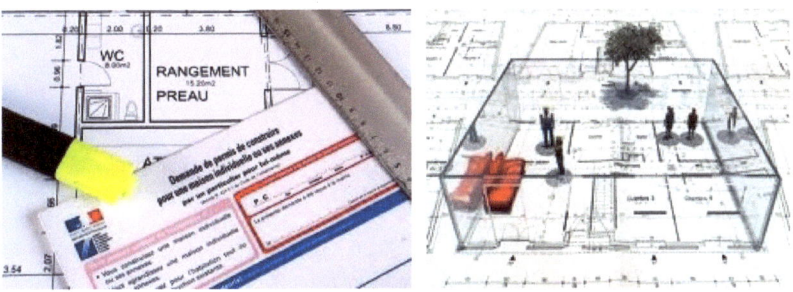

Comment s'appelle l'organisme qui valide les permis de construire ?

Le plan de situation : Le plan de situation permet de préciser sa position dans son environnement proche. Ce plan est généralement réalisé à l'échelle 1:5000. Les fonds de plan utilisés sont disponibles auprès des services de l'IGN.

Institut Géographique Nationale 1/64000

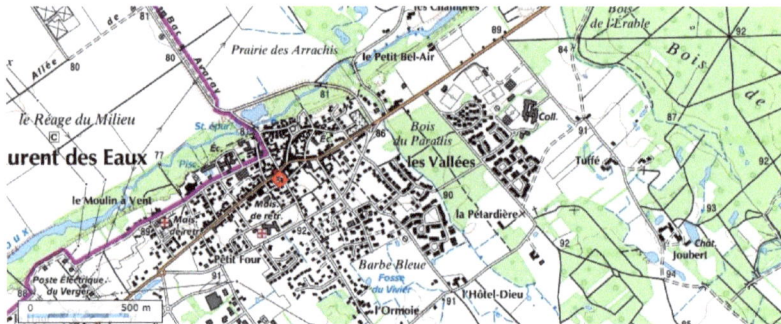

Institut Géographique Nationale 1/16000

Repérez le Collège (Coll.)par un cercle rouge dans les trois plans ci-dessus.

Le plan de masse : Le plan de masse situe une construction par rapport à son voisinage immédiat. Il indique les limites du terrain, son orientation, les dimensions globales de la construction et rappelle les services de viabilisation (voirie, assainissement, adduction d'eau potable, gaz et électricité). Ce plan est généralement réalisé à l'échelle 1:200. Les fonds de plan utilisés sont disponibles auprès des services du cadastre.

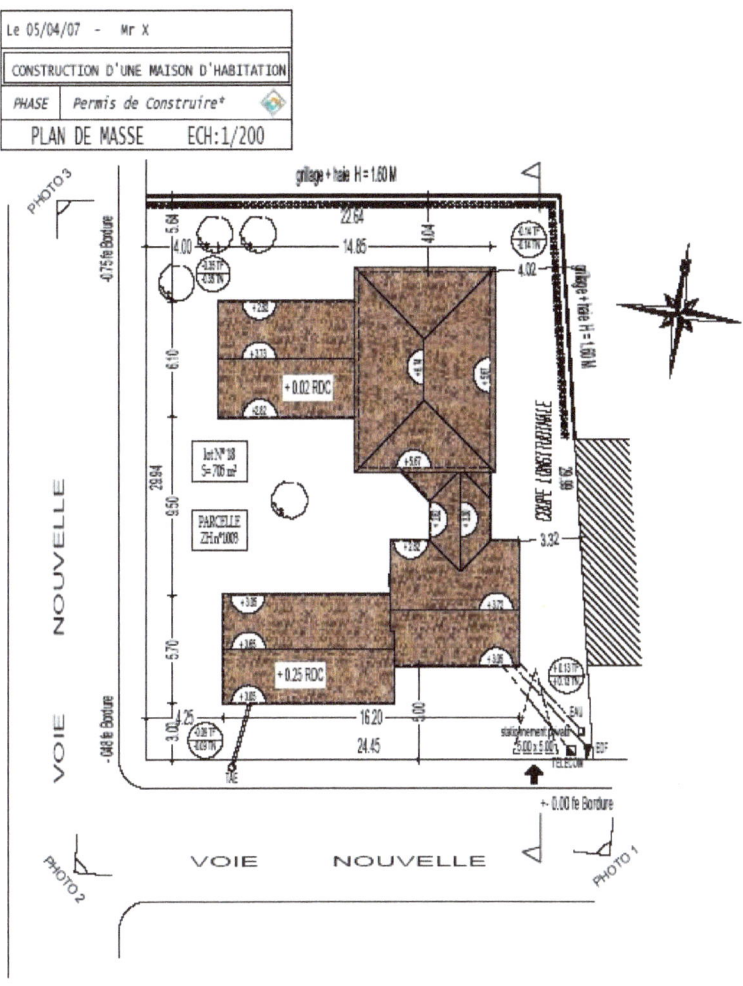

Repérer en rouge le réseau de Tout A l'Egout (TAE)
Repérer en vert le réseau d'Adduction d'Eau Potable (AEP)
Repérer en bleu le réseau Electrique (EDT)
Repérer en jaune le réseau Téléphonique (TELECOM)

Les plans de façades : Les plans de façades montrent l'architecture générale du bâtiment. La façade principale est celle de la porte d'entrée ou donnant sur la rue. La façade arrière est opposée à la façade principale. Les autres vues se nomment façades latérales. Une vue en perspective complète l'ensemble.

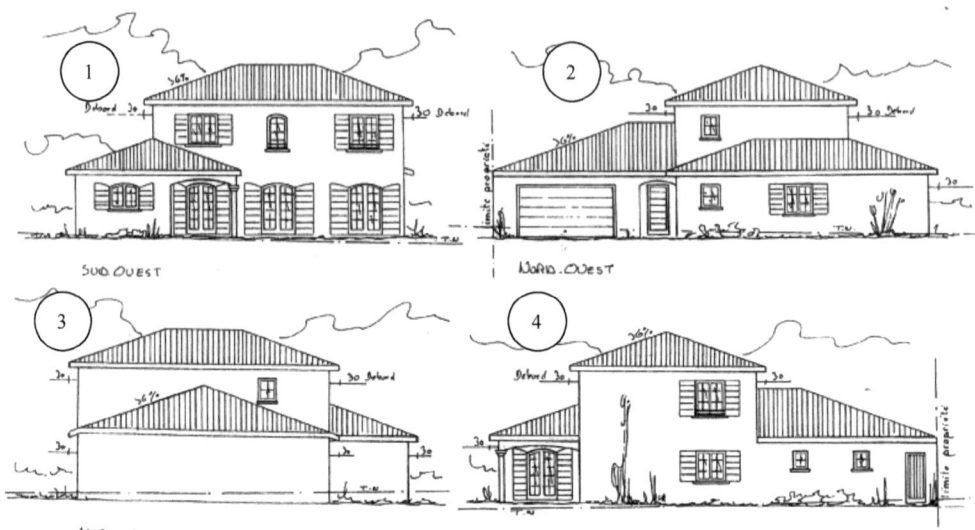

Repérer :

   - la façade principale :

   - la façade latérale de gauche :

   - la façade latérale de droite :

   - la façade arrière :

Les plans intérieurs : Les plans intérieurs précisent pour chaque étage la fonction des pièces, leur dimensionnement ainsi que la position des ouvertures. Le plan en coupe permet de comprendre l'organisation architecturale de la construction. Ces plans sont généralement réalisés à l'échelle 1:50.

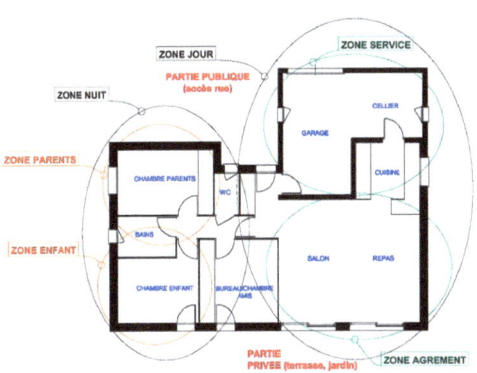

A quoi peut servir ce zonage ?

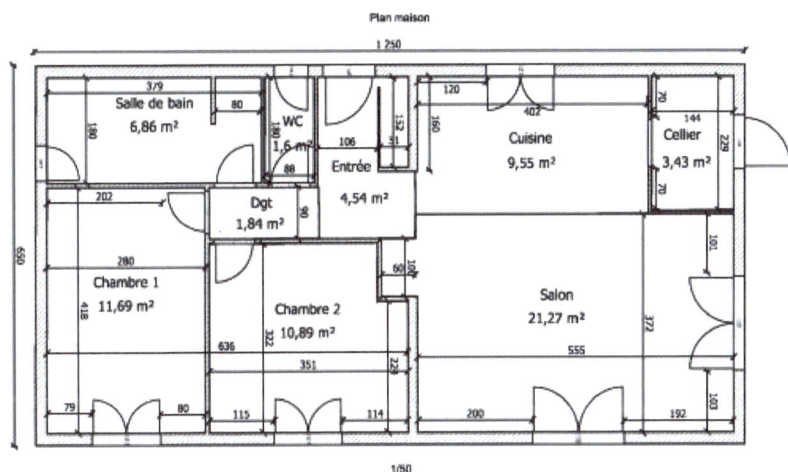

Quelle est la surface totale de cette maison ? :

- Chambre 1 = 11.69 - Chambre 2 = 10.89 - Cuisine = 9.55 - Salon = 21.27 - Cellier = 3.43

- Salle de bain = 6.86 - Dégagement = 1.84 - WC = 1.6 - Entrée = 4.54

71

Les plans d'impact : Les plans d'impact représentent la construction en trois dimensions, superposées sur une photo de l'environnement proche.

A quoi servent les plans d'impact ?

La variété des matériaux de construction

Dans ce chapitre, nous aborderons la variété des matériaux de construction.

 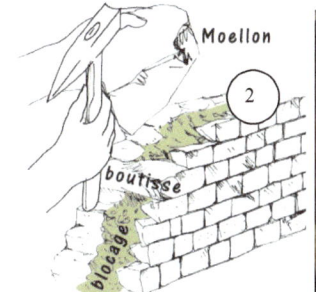 

Associer les différents matériaux suivants aux différentes photos :

Matériaux Naturels : 2 - 3   Matériaux métalliques :   4   Matériaux minéraux : 1

Une large gamme de matériaux de construction s'offre à nous pour la réalisation d'ouvrages, de bâtiments ou d'habitats.

Dans le cas d'ouvrages tels que les ponts, nous trouverons, selon l'usage et l'importance de l'ouvrage, des matériaux différents comme le béton armé ou l'acier.

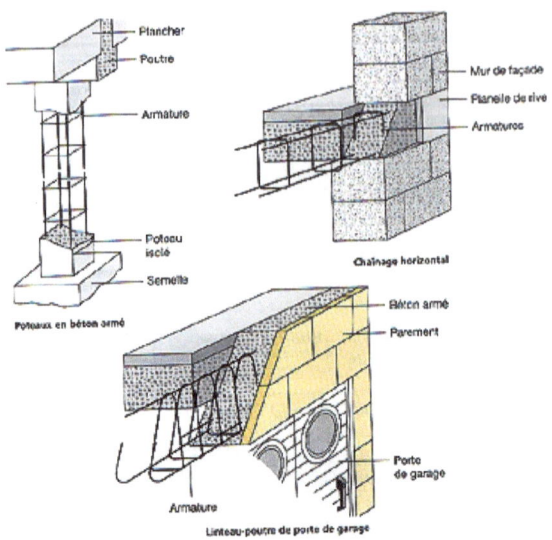

Quelle est la caractéristique du béton armé ? :

Quels sont les matériaux utilisés pour chacun des trois ponts de Blois ?

1 : Le pont Charles de Gaulle : Béton armé

2 : Le Pont Jacques Gabriel : Pierres de tailles

3 : Le Pont François Mitterrand : Structure métallique

Dans le cas de bâtiments collectifs, nous trouverons le béton armé, l'acier et le verre. Aujourd'hui, avec des techniques d'avant-gardes, des bâtiments modernes dits écologiques sont réalisés en bois et en verre. D'autres arborent sur leurs façades et leurs toits des couvertures végétales.

Quels sont les matériaux utilisés pour ce bâtiment ?

Terrasses végétalisées

Une toiture végétale consiste en un système d'étanchéité recouvert d'un complexe drainant composé de matières organiques et volcaniques qui accueille dans sa partie supérieure un tapis de végétaux précultivés.

Cette toiture participe à l'amélioration de la qualité de l'air puisque les végétaux fixent les poussières et filtre la pollution atmosphérique. Et renforce le confort phonique et thermique à l'intérieur du bâtiment.

Dans le cas d'habitations individuelles, nous trouverons la pierre, le parpaing, le béton armé, le bois, la tuile ou l'ardoise. Les garnitures de ces ouvrages, comme les terrasses, les gouttières ou les huisseries peuvent être réalisées en bois, aluminium, plastique, …

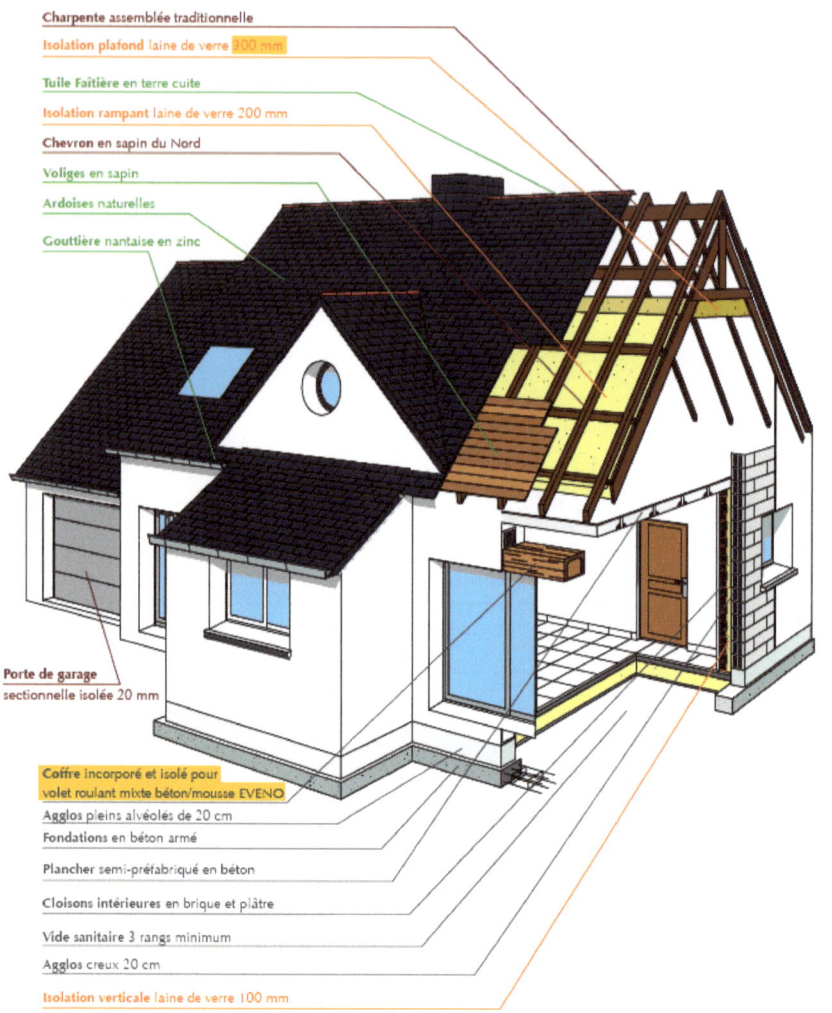

Faîtes une liste des différents matériaux utilisés pour la construction de cette maison :

Les efforts supportés par les constructions ont pour origine leurs poids additionnés du poids de ce qu'elles supportent (occupants, meubles, véhicules …) et des efforts induits par l'environnement, chaleur, pluie, neige et vent. Nous pouvons décrire quatre types d'efforts induisant des déformations à la structure et pouvant aboutir à sa rupture.

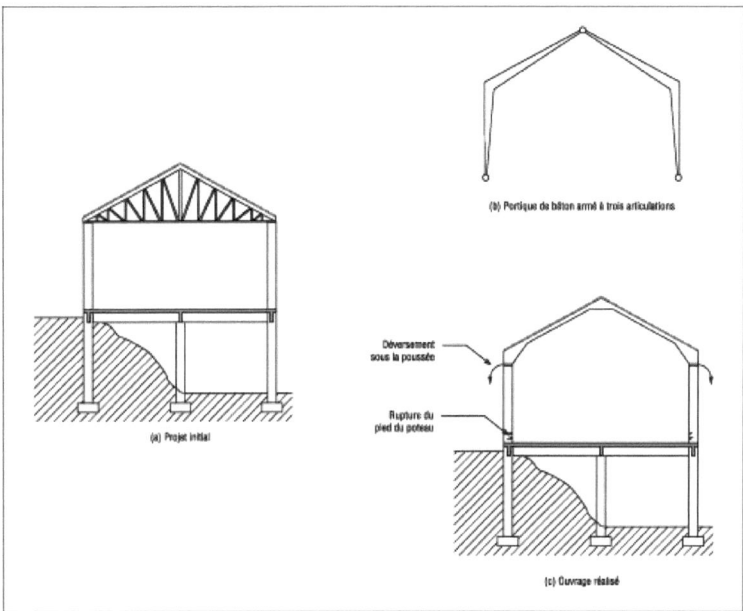

Quel est le type d'effort qui est à l'origine de la rupture de ce bâtiment ?

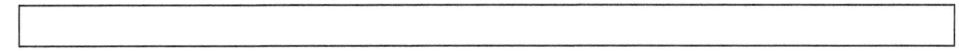

Dessiner un élément supplémentaire pouvant empêcher la destruction de ce bâtiment.

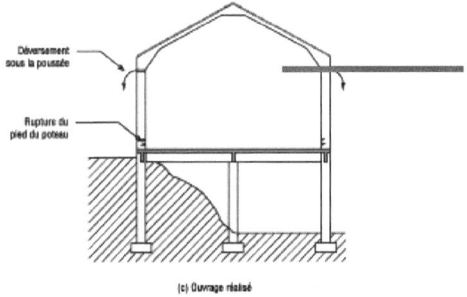

- La traction : Est l'expression de deux efforts opposés qui tendent la structure.

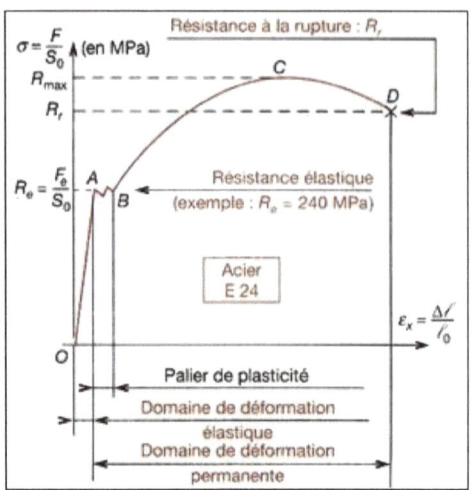

Diagramme d'essai de traction

Eprouvette d'essai : Les matériaux réagisse différemment à la traction, il est nécessaire de les testé afin de connaitre leurs caractéristiques mécaniques, notamment pour connaitre leur élasticité puis leur plasticité et enfin sous quel charge vont-ils être rompus.

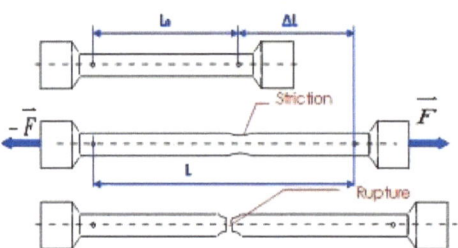

Qu'observez-vous lorsque l'on effectue une traction sur un matériau ?

On classifie, à l'issue d'un essai de traction, le matériau par ce que l'on appelle le module de Young. Plus le module de Young d'un matériau est élevé, plus ce matériau est résistant.

- La compression : Est l'expression de deux efforts s'opposant qui compriment la structure.

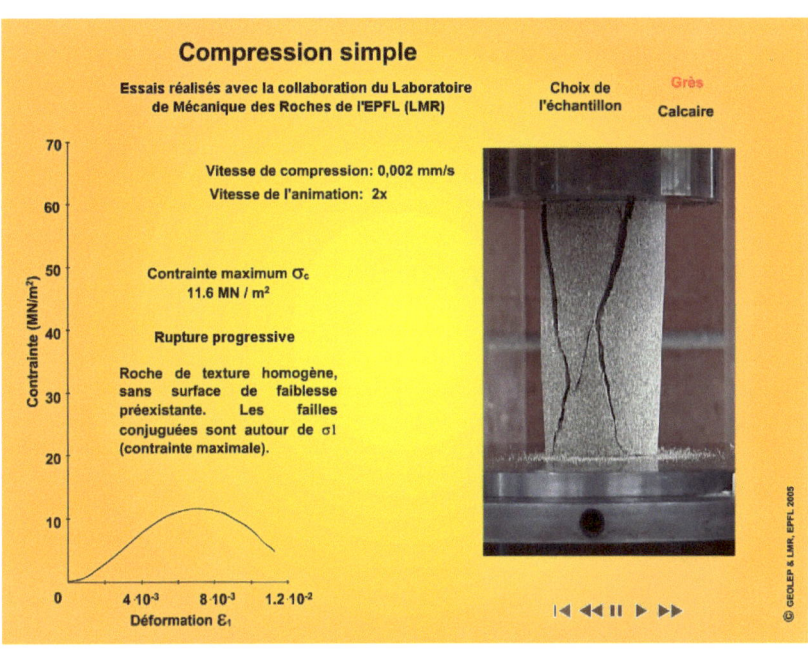

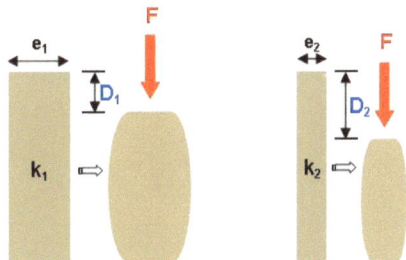

Éprouvettes ① et ② identiques sauf $e_2 < e_1$
Essai de compression : $D_2 > D_1 \Rightarrow$ raideur $k_2 < k_1$

Qu'est-ce que l'on mesure dans un essai de résistance des matériaux ?

- Le flambage : Est une réaction particulière de la structure à la compression. Un pilier de faible section soumis à la compression peut se tordre.

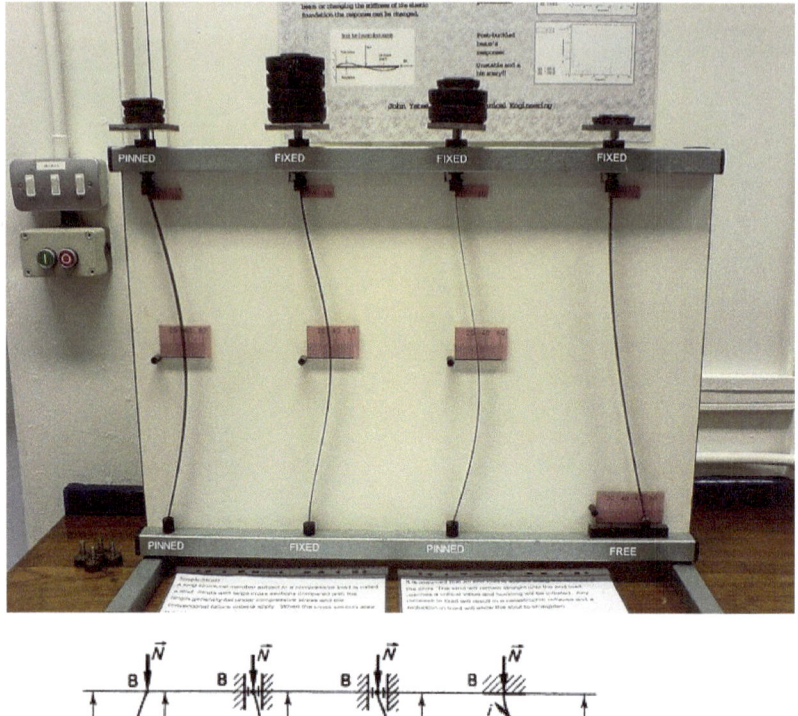

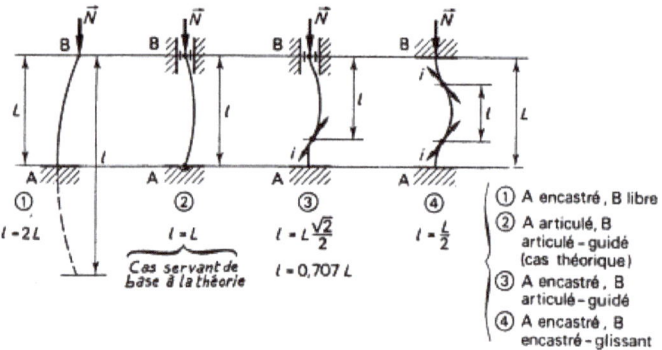

Que va-t-il se passer si la charge sur le pilier est trop importante ?

- La flexion : Il s'agit d'une réaction à un effort transversal sur une poutre. Celle-ci plie sous la contrainte.

Fonctionnement du béton armé en flexion

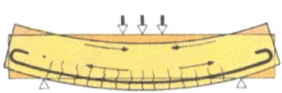

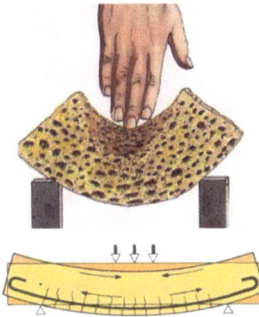

Le principe du béton armé en flexion

✓ le béton reprend les efforts de compression

✓ les aciers reprennent les efforts de traction.

Un élément en béton armé est optimisé lorsque les matériaux béton et acier travaillent au maximum de leurs possibilités.

(si l'acier travaille à seulement 80 % de ses possibilités, il faudra ajouter 20 % d'acier en plus pour assurer l'équilibre)

Quel est le principe du béton armé ?

<table>
<tr><td>

</td></tr>
</table>

Les propriétés mécaniques des matériaux

La résistance mécanique des matériaux : Est l'aptitude des matériaux à supporter des efforts de traction, compression et de flexion. Des essais mécaniques en laboratoire permettent d'apprécier la performance des matériaux. La classification des matériaux peut être faite en comparant leurs modules de Young.

- Bois : 12 GPa (Giga Pascal)
- Béton : 50 GPa
- Acier : 210 GPa

Le pascal exprime un effort sur une surface il s'agit de l'unité de pression, c'est aussi l'unité d'une contrainte soit une force divisé par une section. Le pascal est aussi exprimé par des N/m²

Quelle sera la force maximum (en Newton) à appliquer sur une poutre en acier d'une section de 1 m², si son module de Young est de 210 000 000 Pa ou 210 GPa.

Calcul : 10 N = 1kg

100 newtons correspondent à 10 kg

Quel poids pourra être appliqué à cette poutre pour qu'elle ne se déforme pas plastiquement ?

Il ne faut pas oublier que le choix des matériaux doit être justifié notamment par le coût de la matière première et le coût de la mise en œuvre. Le composite béton armé présente un bon compromis entre l'utilisation du béton et de l'acier.

Le physicien britannique Thomas Young (1773-1829) avait remarqué que le rapport entre la contrainte de traction appliquée à un matériau et la déformation qui en résulte (un allongement relatif) est constant, tant que cette déformation reste petite et que la limite d'élasticité du matériau n'est pas atteinte.

Qu'est-ce qu'une contrainte ?

Qu'est-ce qu'une déformation ?

Que se passe t-il après la déformation élastique ?

La dureté des matériaux : Est l'aptitude à résister aux rayures (pour les minéraux) et aux pénétrations (pour les métaux). Cette qualité est essentielle pour garantir la pérennité des bâtiments.

Dureté : Dans l'échelle de Mohs, utilisée par les minéralogistes, et qui est rappelée ci-après :

1 talc
2 gypse
3 calcite
4 fluorine
5 apatite
6 orthose
7 quartz
8 topaze
9 corindon
10 diamant

Chaque corps raye les précédents et n'est pas rayé par les suivants. Le talc est donc le plus tendre puisque rayé par tous les autres. Le diamant est le plus dur puisque aucun corps ne peut le rayer.

Le verre, quant à lui, se situe entre l'orthose(6) et le quartz (7).

Quel autre matériau d'une maison doit-il garantir une bonne dureté ?

A quelle solution a-t-on recours pour garantir la dureté des plâtres ?

L'aptitude à la mise en œuvre des matériaux :

     - les plastiques et les métaux peuvent être pliés

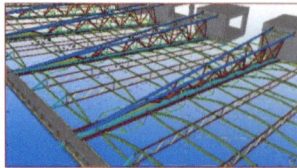

     - le béton doit être moulé

     - le bois doit être taillé ou plié

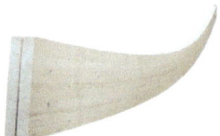

L'aptitude au soudage et au collage des matériaux : Le soudage et le collage permettent d'obtenir une continuité des matériaux.

Un mur en briques est-il assemblé par collage selon vous ?

Les propriétés des matériaux

L'aspect des matériaux : Les matériaux ont des couleurs et des apparences provenant de leurs origines et de leurs traitements. Leurs aspects sont utilisés pour des raisons esthétiques.

- Bardage en bois

- Briques colorées

- Enduits à la chaux au sable coloré (jaune ou rouge)

- Verres teintés ou miroirs sans teint

- Structures métalliques apparentes

- Pierres de pays

- Tuiles, ardoises, chaumes ...

La qualité acoustique des matériaux : Certains matériaux de construction absorbent les sons, ce qui permet d'assurer une meilleure répartition du son dans un espace clos. D'autres matériaux renvoient le son. Cela permet d'isoler le bâtiment des nuisances sonores extérieures.

- Le bois est un bon absorbeur phonique.
- Le béton renvoie le bruit.

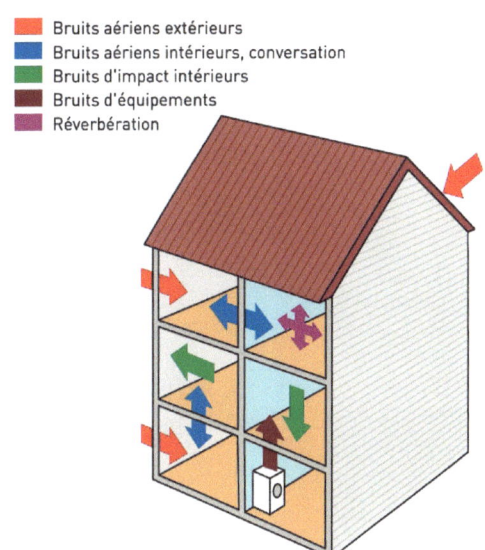

Le bruit se mesure en décibels.

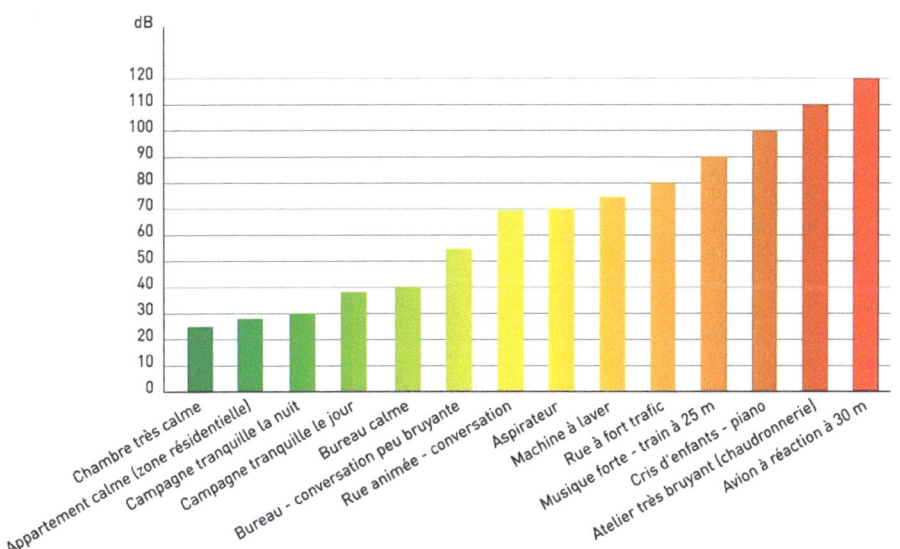

La qualité thermique des matériaux : Certaines fonctions techniques imposent de conduire rapidement la chaleur (radiateur). D'autres imposent d'isoler certains éléments pour éviter des pertes d'énergie thermique ou d'éviter la surchauffe par le soleil (isolation du toit).

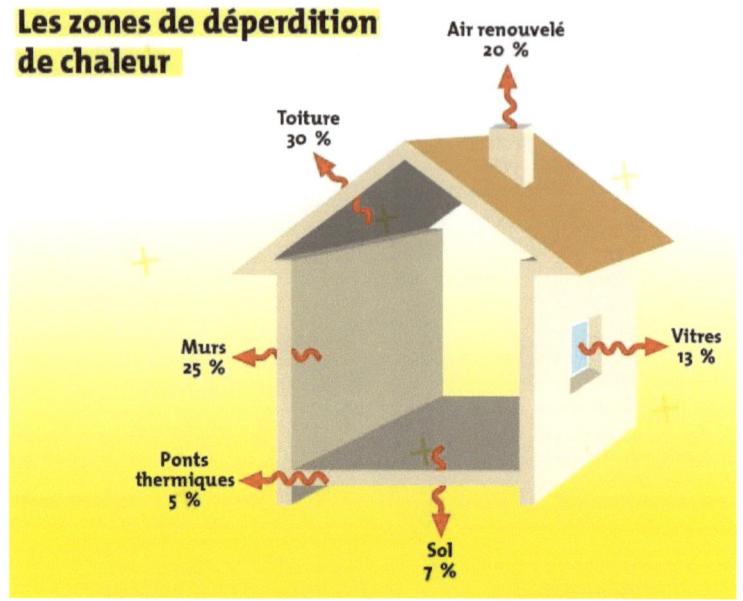

A partir de cette thermographie, pouvez-vous dire si la toiture est bien isolée ?

L'origine des matières premières

L'origine et la disponibilité des matières premières : Les matières premières ont deux grandes origines. La première grande origine est issue du vivant et est qualifiée de renouvelable, car elle est susceptible d'être régénérée à partir d'animaux ou de végétaux. Nous trouvons la laine pour la confection de tissus ou le bois pour les structures des bâtiments. La deuxième grande origine est issue des minéraux et est qualifiée de non renouvelable car les matières sont en quantités limitées sur terre. Nous trouvons le sable pour le verre, le calcaire pour le béton, l'argile pour les tuiles … mais aussi l'acier ou les autres métaux ou le pétrole pour le plastique.

Laquelle de ces deux maisons est « renouvelable » ?

Les transformations des matières premières : Pour être utilisées dans la construction, les matières premières doivent subir des transformations. Par exemple : pour réaliser des tuiles, nous devons extraire de l'argile, façonner et sécher la tuile, la cuire et la conditionner pour le transport. Toutes ces transformations nécessitent de l'énergie.

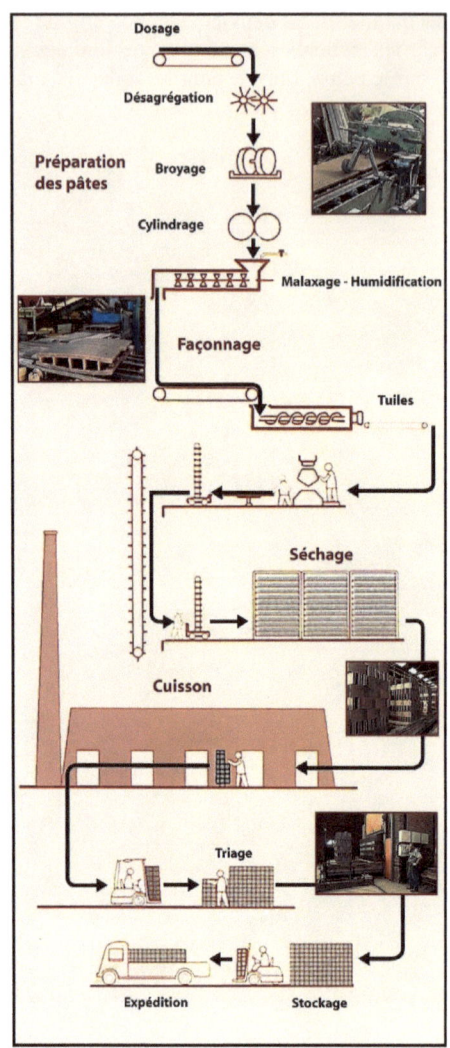

Quelle est la phase la plus coûteuse en énergie ?

Les contraintes environnementales dans la transformation et le recyclage des matériaux : L'ensemble des transformations et des transports ont un impact sur l'environnement, notamment du fait de l'énergie dépensée. Il devient donc nécessaire de recycler au maximum les matériaux après leur utilisation.

- Bois : Biodégradation, recyclage ou incinération

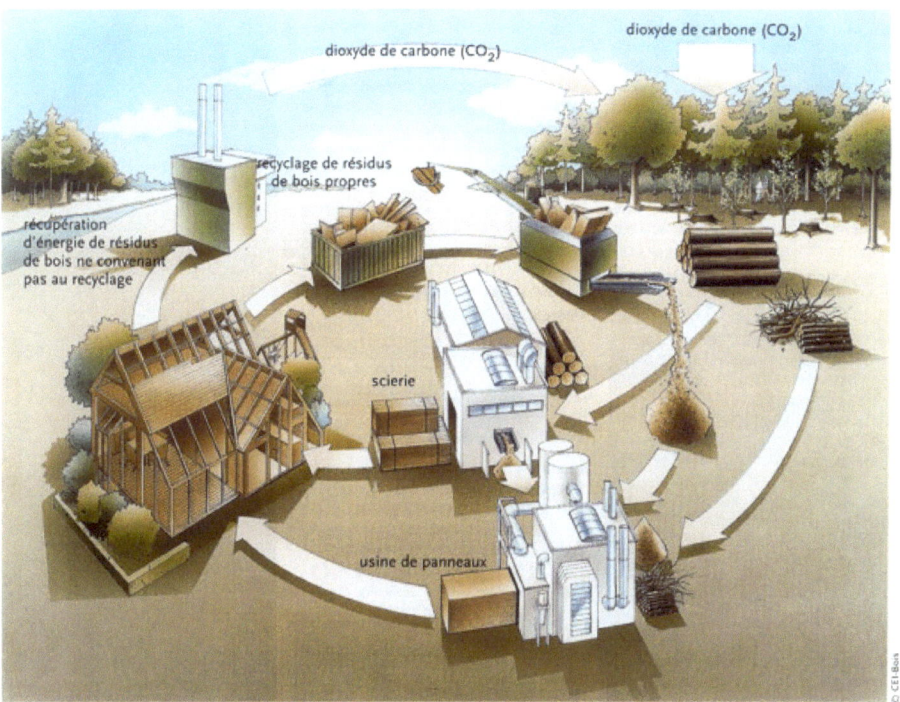

- Métaux : Recyclage « Filière classique »

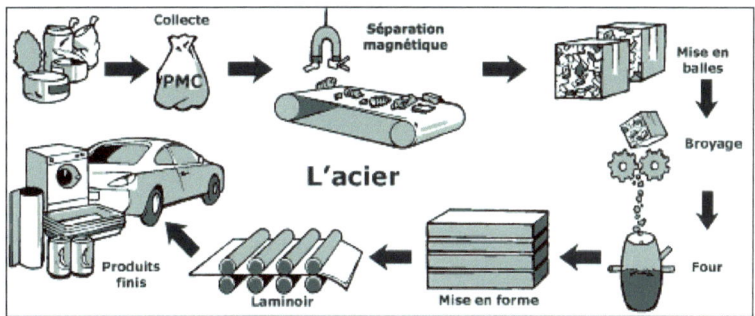

- Céramique (tuile, verre, brique) : Recyclage par réutilisation ou concassage.

- Béton : Concassage et incorporation à d'autres matériaux

- Plastiques : Incinération ou recyclage

L'utilisation du plastique dans le bâtiment représente 22% de la consommation française. Quelle est la production en tonne ?

L'énergie dans l'habitat

Dans ce chapitre, nous aborderons l'énergie dans l'habitat.

Dans un bâtiment, l'énergie est nécessaire. Elle permet de nous éclairer, de nous chauffer mais aussi de faire fonctionner tous les appareils électriques (télévision, four, réfrigérateur …)

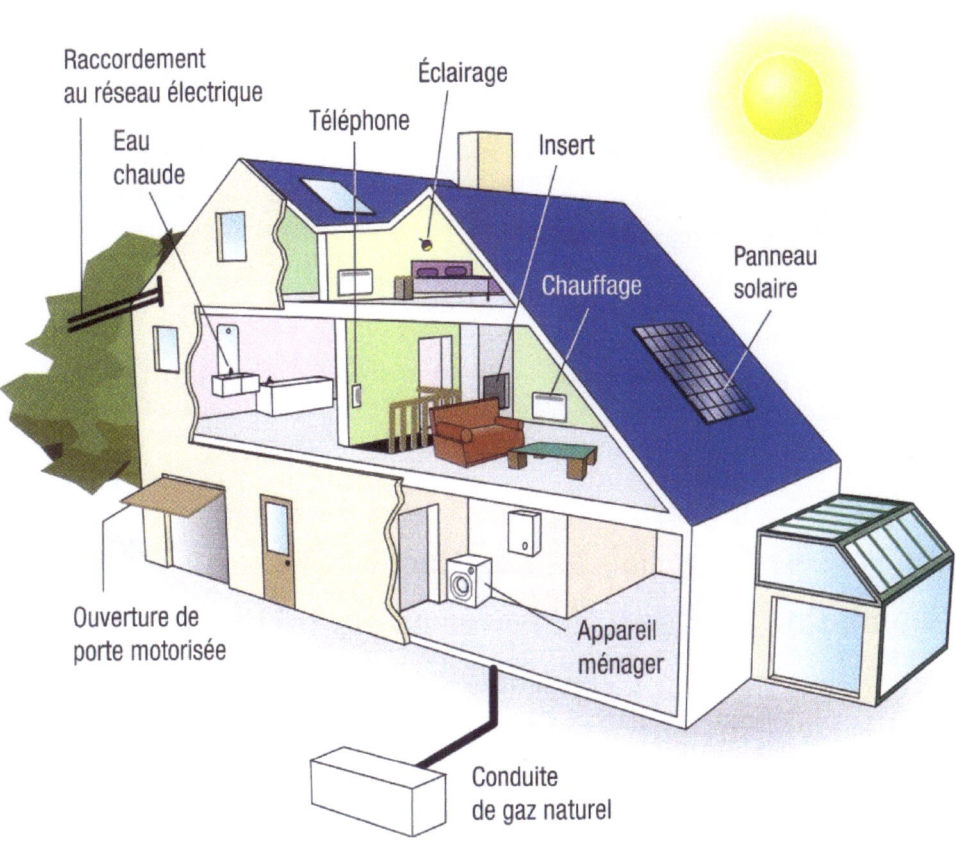

Quels sont les types d'énergies utilisées dans une maison ?

Il faut donc alimenter en électricité, en gaz ou en pétrole les centres urbains. L'énergie peut être produite sur place ou importée. C'est pourquoi, nous parlerons de chaîne d'énergie.

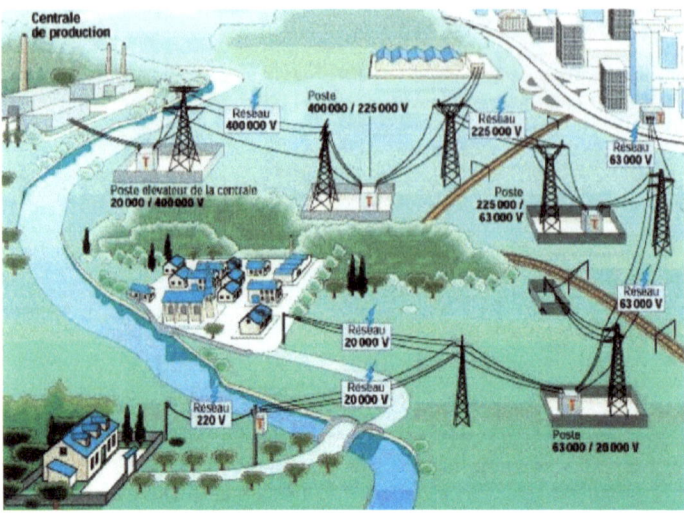

Dans la chaîne d'énergie de l'électricité, quelle est la tension en volt de la HT (Haute Tension) ?

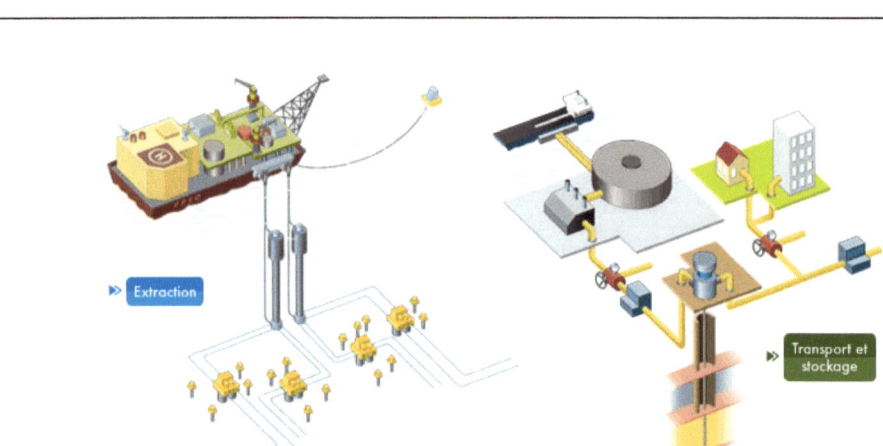

Pourquoi doit-on stocker le gaz dans la chaîne d'énergie du gaz ?

La consommation d'énergie doit être maîtrisée. Aujourd'hui, nous commençons à trouver des habitats dits à énergie positive. Effectivement, ces constructions produisent plus d'énergie qu'elles n'en consomment.

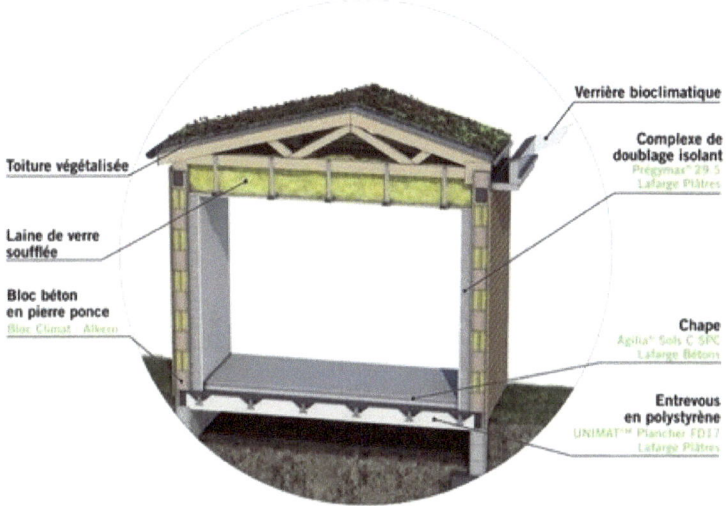

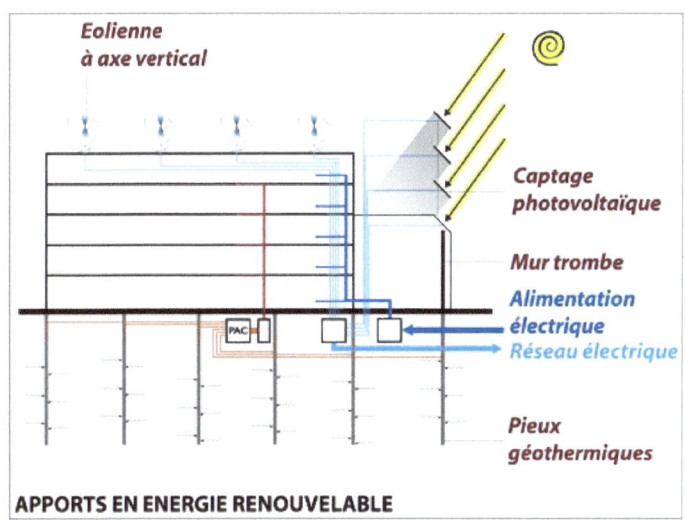

Que doit-on prévoir pour réaliser une maison à énergie positive ?

Les besoins de construction : Pour construire une maison, on utilise différentes formes d'énergie (électrique, combustible, …) pour satisfaire les tâches nécessaires à la construction. Il ne faut pas oublier que l'énergie est nécessaire pour la mise en forme des matériaux (briques, poutres, ardoises, …)

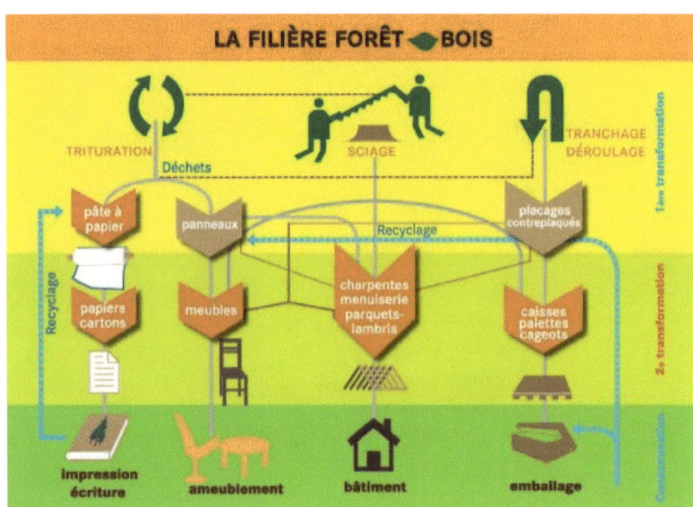

Décrire en quelques mots la filière bois pour le bâtiment.

Décrire en quelques mots la filière pierre pour le bâtiment.

Les besoins d'entretien : Une maison utilise différentes formes d'énergie (électrique, combustible, solaire…) pour satisfaire les besoins quotidiens de ses occupants. Par exemple, pour le chauffage, nous trouvons des radiateurs à gaz, des inserts à bois ou des convecteurs électriques.

Qu'est-ce que c'est ?

Quel est le poste principal de consommation d'énergie dans une maison ?

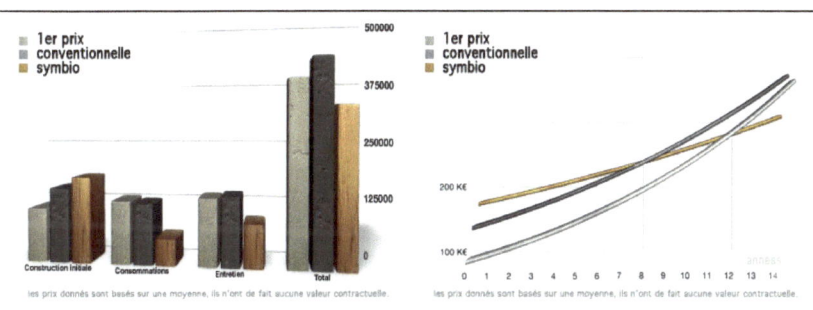

Que nous apprend cette étude comparative entre des maisons maçonnées et une maison en bois ?

Les transformations d'énergie : Pour être utilisée l'énergie doit être convertie. Les appareils convertissent l'énergie d'entrée en énergie dont l'effet est attendu par l'utilisateur : une lampe éclaire, un convecteur chauffe l'air ou un volet roulant s'ouvre ou se ferme, une bétonnière mélange le ciment.

Sous quelle forme est utilisée l'énergie électrique distribuée à une lampe de chevet ?

Radiateur à inertie maîtrisée
Grâce à leur conception innovante, les radiateurs à inertie maîtrisée génèrent une chaleur douce et enveloppante, partout dans la pièce. Ils réagissent rapidement et efficacement à toute variation de température et permettent d'optimiser les consommations d'énergie. L'émission continue et homogène de chaleur qui les caractérise permet d'éviter les sensations de chaud-froid et le bien-être qu'ils procurent est comparable à celui du chauffage centrale. Les radiateurs à inertie maîtrisée sont innovants en terme de bien-être et d'économie grâce au système STI.

Rayonnant
Les corps de chauffe rayonnants associent à la convection un flux de chaleur similaire à celui dégagé par le soleil. Ce rayonnement de chaleur se propage en ligne droite et permet de chauffer directement les meubles, les parois, ou les personnes occupant la pièce. Il y a peu de différence de température entre le sol et le plafond, c'est pourquoi ces appareils conviennent très bien aux pièces de séjour et aux pièces à plafond haut.

Convecteur
L'air, au contact de la résistance électrique, s'échauffe et devient plus léger: il s'élève. Ce phénomène entraîne une circulation qui permet de chauffer rapidement le volume de la pièce. L'émission de chaleur est exactement adaptée aux besoins et tient compte des apports de chaleur gratuits.

Sous quelle forme est utilisée l'énergie électrique distribuée à un convecteur ?

Les chaînes d'énergie

Les sources d'énergie : L'énergie est fournie de trois manières, par la distribution via un réseau (électricité, gaz) ; par livraison et stockage (gaz, fuel) ou par captage (capteur solaire, éolienne, pompe à chaleur).

Puissance	2 kw	3 kw	5 kw	10 kw
Hauteur du mât	9 metres	9 metres	11 metres	11 metres
Diamètre des pales	3,2 metres	4,5 metres	5 metres	8 metres
Vitesse de rotation	400 tours/min	220 tours/min	290 tours/min	180 tours/min
Vitesse de démarrage	2 m/s	2 m/s	2,5 m/s	3 m/s
Production annuelle	4100 kwh	5900 kwh	8300 kwh	19200 kwh
Prix approximatif	5 000 €	11 000 €	13 000 €	19 000 €

Cette petite éolienne produit 4100 kW par ans.

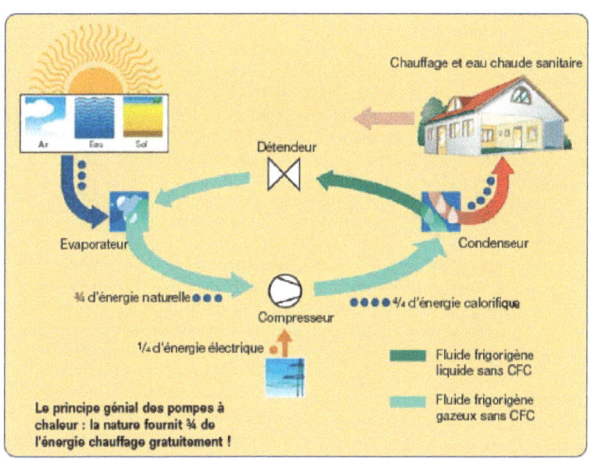

En couplant cette éolienne à une pompe à chaleur, trouver la quantité de chaleur en kWh produite gratuitement par an.

La littérature nous apprend que la consommation moyenne d'une famille en énergie électrique pour le chauffage est de 6762 kWh par an. Cet ensemble éolienne/pompe à chaleur est-il suffisant pour subvenir à la consommation d'une famille ?

Les chaînes d'énergie : Les chaînes d'énergie se décrivent par plusieurs éléments ayant chacun une fonction technique :

- **Alimenter ou stocker :** Fournir de l'énergie.

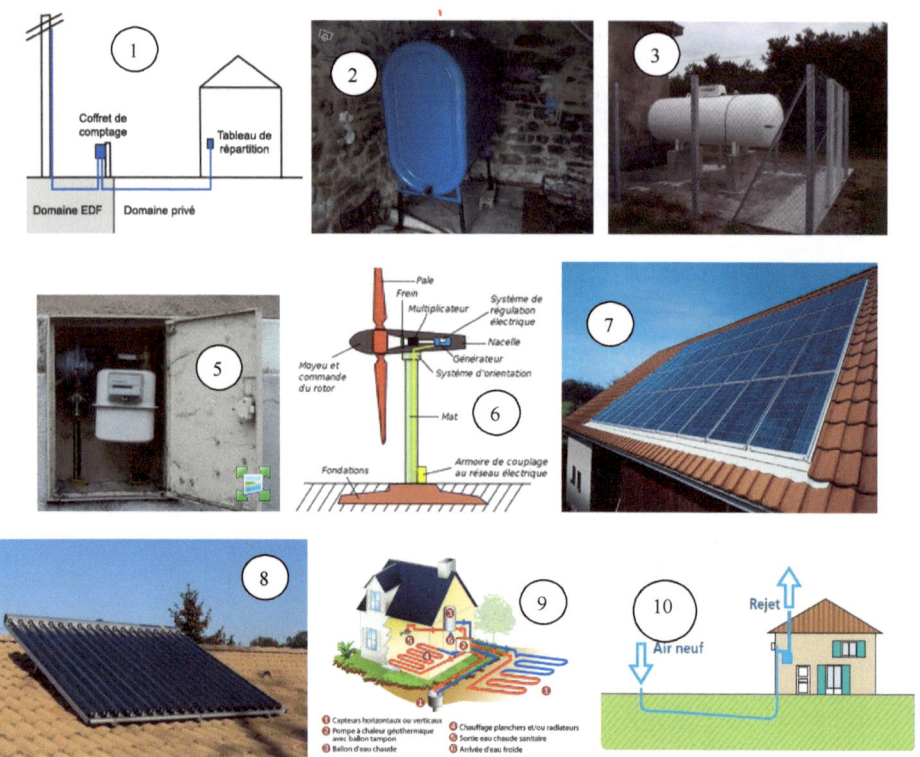

Associer les différentes formes d'énergie à images :

- Alimentation électrique :   - Eolien :   - Puits canadien :

- Panneau solaire thermique :   - Géothermie :   - Fuel :

- Panneau solaire photovoltaïque :   - Stockage Gaz :   - Distribution gaz :

Est-ce que l'eau peut être une source d'énergie ?

- **Convertir :** Modifier sa forme pour la rendre utilisable.

Quelles sont les sources d'énergie disponibles pour un habitat ?

Quelles sont les formes utilisables de l'énergie dans un habitat ?

Quelle est la différence entre ces deux ampoules ?

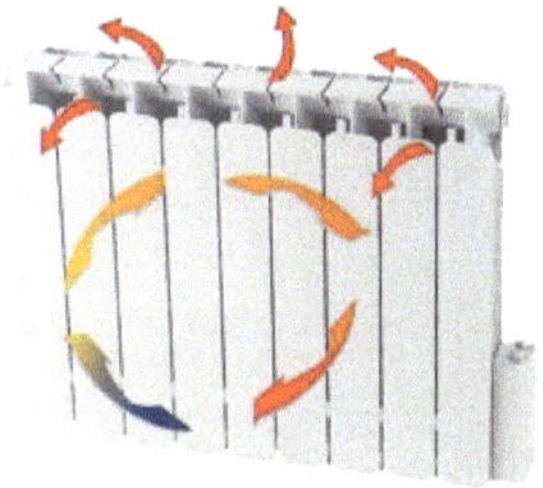

Quels sont les avantages de la pompe à chaleur par rapport à un chauffage électrique classique ?

- Distribuer ou transmettre : Commander sa circulation et sa distribution.

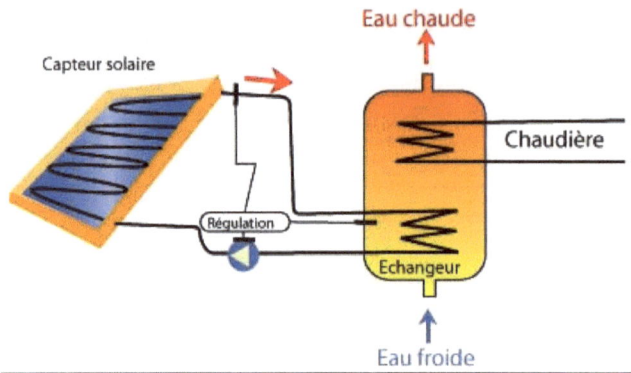

Que doit-on faire pour que ce chauffe-eau solaire fonctionne ?

Que doit-on faire pour que ce chauffage électrique fonctionne ?

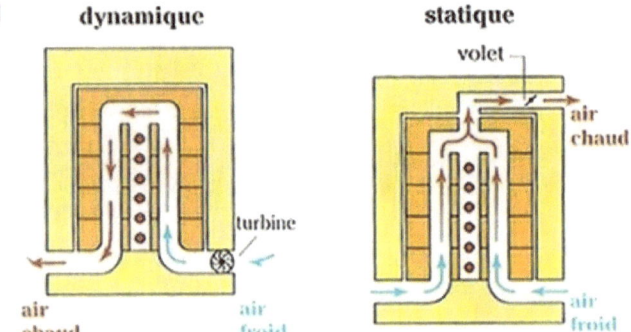

L'isolation : La majorité des pertes énergétiques dans un habitat est due à une mauvaise isolation du bâtiment.

Inventaire des différentes pertes :

- Air renouvelé et fuites 20 à 25%
- Toit 25 à 30%
- Murs 20 à 25%
- Fenêtres 10 à 15%
- Plancher 7 à 10%
- Ponts thermiques 5 à 10%

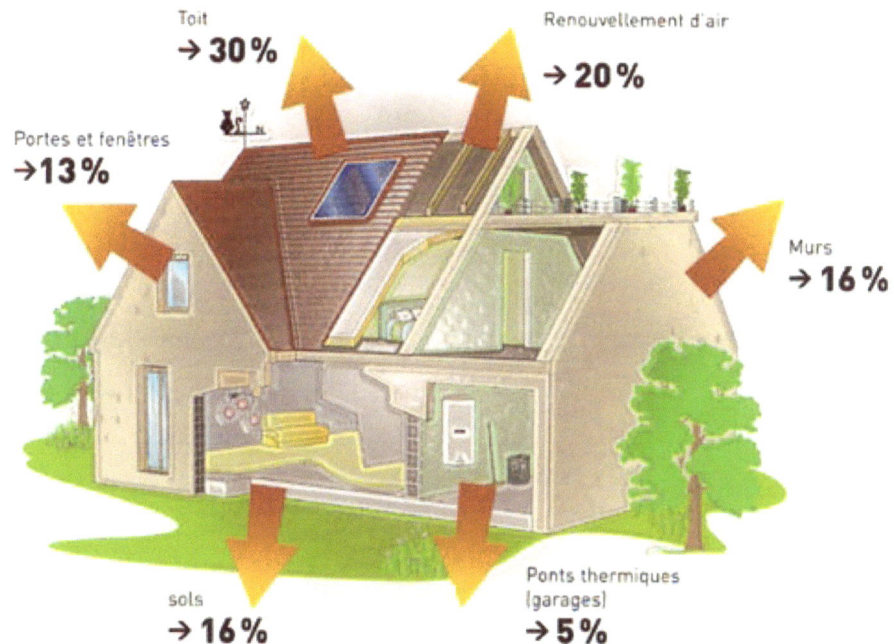

Quelle est la solution pour réduire au maximum les pertes énergétiques d'un habitat ?

Les économies d'énergie : Les appareils domestiques ne convertissent pas toute l'énergie reçue en énergie utile. Nous pouvons donc améliorer nos appareils comme remplacer les ampoules à incandescence par des ampoules basse consommation ou gérer domotiquement la maison. L'énergie est volontairement limitée (pose de thermostat pour limiter la température à 19°C).

GESTION DES TEMPÉRATURES

Le chauffage représente le premier poste de dépense d'énergie dans les logements : 40 à 50% de la facture (source ADEME 2007).

Un réglage fin du chauffage électrique et de la climatisation intégrant les plages horaires et la présence, permet de réduire la facture, ceci de façon automatique, avec l'installation de thermostats et de programmateurs.

- Vous pouvez ainsi :
- - Limiter les températures dans vos pièces : 1°C de moins cela représente 7% d'économies.
  - Adapter vos besoins à votre rythme de vie :
- - Période de sommeil (de 22h à 6h) : une température de 16 ou 17°C, c'est meilleur pour le sommeil et pour les économies d'énergie.
- - Lever (de 6h à 8h30) : 19°C, c'est la température réglementaire dans les pièces à vivre.
- - Absence (de 8h30 à 15h30) : 15°C - Soirée (de 15h30 à 22h) : 19°C
- - Vous êtes absent quelques jours : 12/14°C
- - Vous êtes absent plus longtemps : « hors gel»
- - Couper les radiateurs lorsque vous ouvrez les fenêtres et baisser le chauffage lorsque vous vous absentez.

Comment réguler la température dans une maison ?

Qu'est-ce qu'un thermostat programmable ?

Les maisons à énergie positive : Il s'agit de maison conventionnelle, fortement isolée et disposant d'équipements de production d'énergie (géothermie, panneau solaire et photovoltaïque, éolienne). Ces maisons ont l'avantage d'avoir des effets sur l'environnement. Elles évitent de gaspiller des ressources non renouvelables et limitent les rejets de dioxyde de carbone (CO_2), responsables du réchauffement climatique.

Que doit-on impérativement faire pour rendre sa maison économe en énergie ?

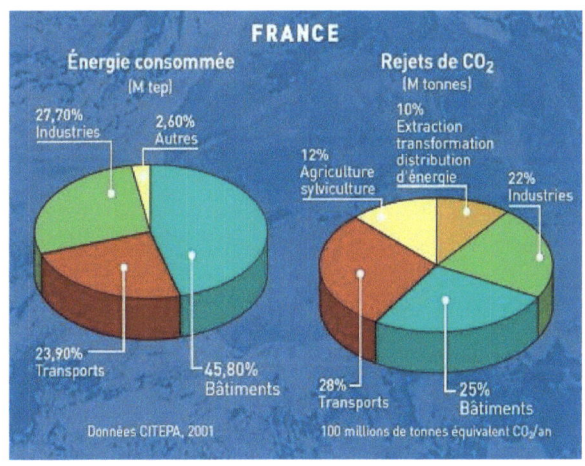

Pourquoi le pourcentage de rejet de CO_2 est moins important que le pourcentage de consommation d'énergie dans l'habitat ?

L'évolution des bâtiments

L'évolution des besoins

Le contexte historique : Les besoins évoluent selon le contexte historique, guerre, paix, développement commercial et technique. Et chaque famille de bâtiments : ferme, hostellerie, fortification, château, maison d'habitation … évoluent en fonction des principes techniques.

Préhistoire

Gauloise

Romaine

début moyenne âges

fin moyenne âges

Roman

Gothique

début renaissance

renaissance

Baroque

Classique

Haussmannien

Après guerre

Mi-XXème

Fin XXème

XXIème

Nommée les différentes époques architecturales de ces constructions.

Préhistoire, Gauloise, Romaine, début moyenne âges, fin moyenne âges, Roman, Gothique, début renaissance, renaissance, Baroque, Classique, Haussmannien, Après guerre, Mi-XXème, Fin XXème, XXIème.

Le contexte social et économique : Chaque époque est marquée par des besoins relatifs à l'augmentation ou à la diminution de la population et à leurs modes de vie. Nous pouvons observer au XIXème la réalisation de grandes avenues dans les villes et les constructions des cités neuves dans les années 1960.

Pourquoi les places militaires ont-elles évoluées ?

Pourquoi a-t-on créé de grandes avenues dans les villes au XIXème siècle ?

Pourquoi notre habitat a t-il évolué de la grotte à la maison en bois puis, à la maison en pierres ?

Pourquoi avons-nous créé de grands ensembles d'immeubles ?

Les structures à ossatures : Le principe de la structure à ossatures repose sur l'assemblage de poteaux et de poutres en bois, en métal ou en béton armé.
Cette structure assure la rigidité du bâtiment. Si le terme « charpente » est généralement réservé à la toiture, une ossature peut être appelée « charpente ».

La charpente est ensuite bardée ou remplie de matériaux (briques, torchis, verre, tôle …) assurant le bâtiment d'une protection contre les éléments extérieurs.

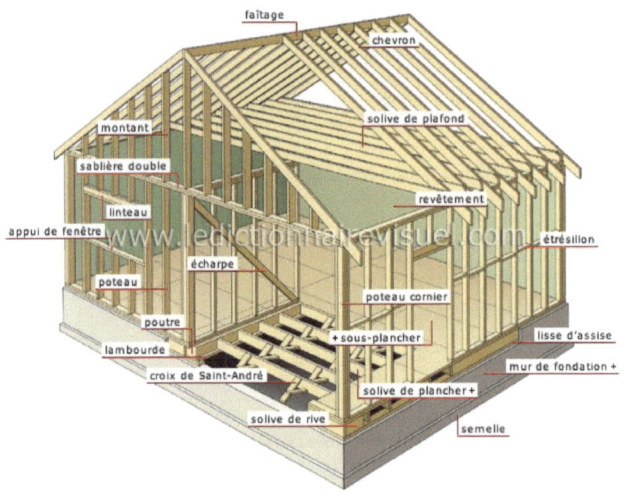

Les structures à murs continus : Le principe de la structure à murs continus résident dans l'assemblage de pierres, briques, parpaings, béton armé … par collage à l'aide d'un mortier. Cette structure assure la rigidité du bâtiment ainsi que la protection contre les éléments extérieurs.

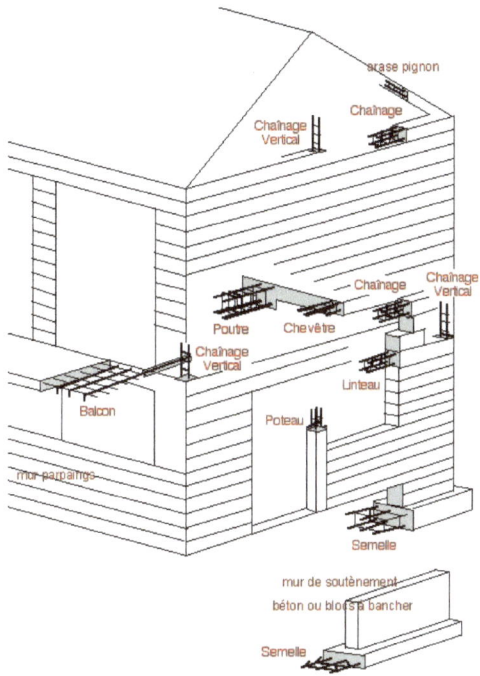

Peut-on appeler le chaînage d'une maison à murs continus une ossature ?

L'aspect extérieur d'un bâtiment : Un bâtiment est constitué de fondations, de murs et d'une couverture. Suivant les époques, ces trois éléments varient dans leur technique de construction et les matériaux employés. Mais, ils varient aussi suivant l'usage du bâtiment et des moyens dont dispose le maître d'œuvre.

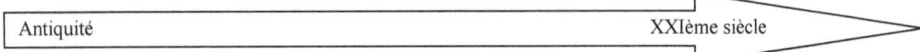

Fondations :

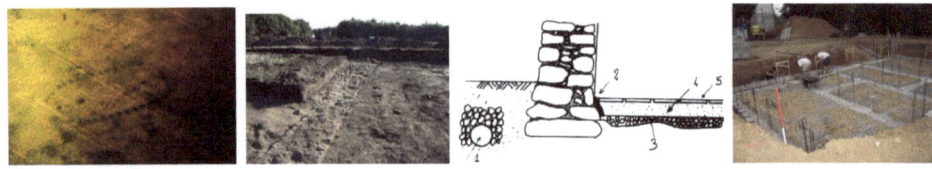

Murs :

Charpente :

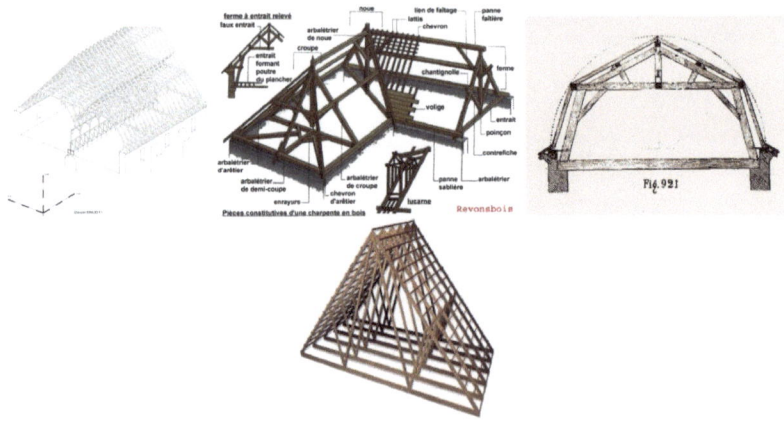

Le XXIème siècle constitue t-il une rupture avec l'architecture conventionnelle ?

L'aspect intérieur d'un bâtiment : L'intérieur d'un bâtiment est constitué d'un sol, de cloisons, de murs et de plafonds. Le style est toujours relatif à l'époque de sa réalisation : il suit une mode.

Toute la famille dort souvent dans la même chambre.

Pièce principale.

Voici une maison paysanne du Moyen Âge. Grâce à ce dessin en coupe, on peut voir les différentes parties du logement. À la saison froide, les animaux ne sont jamais loin pour que les hommes profitent de la chaleur qu'ils dégagent.

Partie réservée aux animaux.

Décrivez cette maison de fermier du Moyen Age :

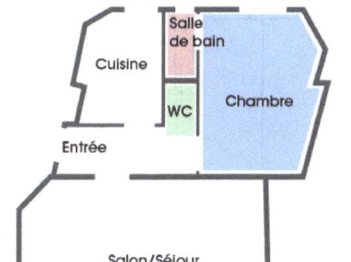

Supprimeriez-vous des cloisons dans cet appartement ? Si oui, lesquelles.

Les acteurs de la mode : Au cours du temps, l'invention de nouveaux procédés et matériaux, permet l'élaboration de nouveaux principes de construction ou la création de nouvelles formes artistiques.

 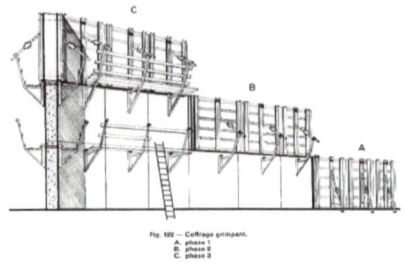

Fig. 102 — Coffrage grimpant.
A. phase 1
B. phase 2
C. phase 3

Quelles sont les caractéristiques qui différencient une construction Moyenâgeuse par empilement de pierres de taille et une construction contemporaine par coulage de béton en coffrage ?

Est-ce que l'évolution des techniques a un impact sur les fonctions de service d'un bâtiment ?

Les outils et les machines : Le propre de l'Homme est de concevoir des outils pour effectuer des tâches plus facilement et surtout plus rapidement. Un outil ou une machine est un prolongement de la main.

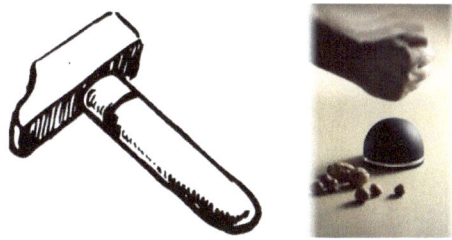

Le moteur a permis d'inventer des machines utilisant des sources d'énergie non musculaires. C'est le facteur principal de l'évolution de nos constructions.

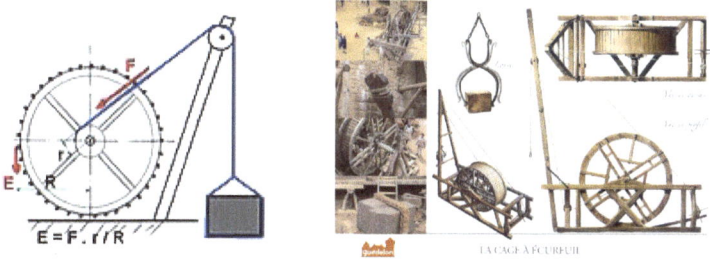

$$E = F . r / R$$

LA CAGE À ÉCUREUIL

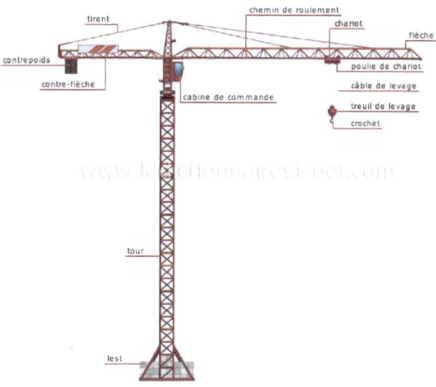

Pourquoi y a-t-il un contre poids sur la contre-flèche de cette grue ?

L'adaptation des outils aux tâches : Au cours des siècles, les outils ou les machines n'ont cessé d'évoluer. Des systèmes, tels que la poulie, ont été améliorés afin de donner naissance aujourd'hui à la grue de chantier.

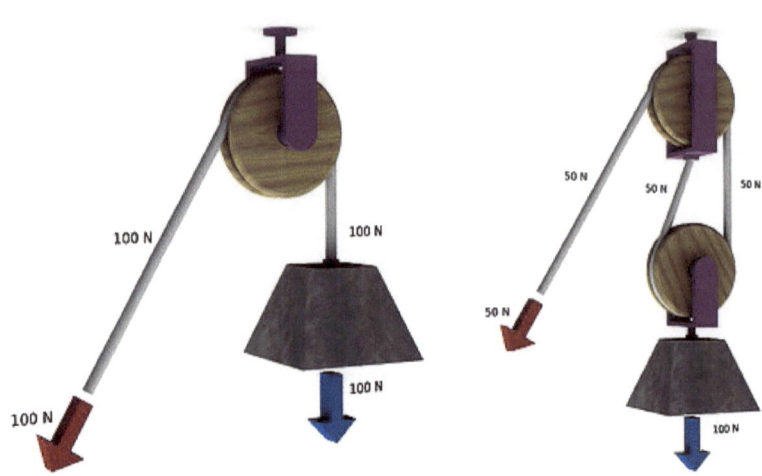

Quel est l'intérêt de doubler la poulie ?

L'évolution des ces machines ont toujours eu pour but de travailler plus vite en réduisant les efforts.

Qu'est-ce que c'est ?

La réalisation de structures

Les fondations : Nous pouvons observer deux sortes de fondations : les fondations superficielles et les fondations profondes. Les fondations ont pour but d'assurer la liaison de la construction avec le sol. Elles supportent le poids du bâtiment. Ces dernières doivent résister aux déformations du sol et aux efforts auxquels est soumis le bâtiment.

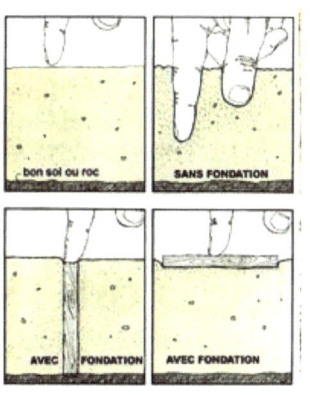

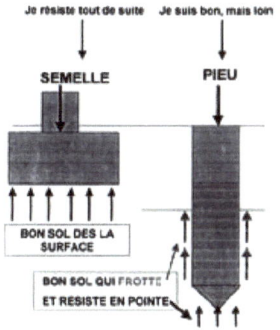

Quel est l'effort principal d'un bâtiment sur le sol ?

Peut-il y avoir un effort du sol sur le bâtiment ?

Les fondations superficielles : Les fondations superficielles sont généralement réalisées lorsque le sol est stable et compact, voire rocheux.

Elles sont réalisées par une structure en béton armé. Les fondations superficielles sont aussi appelées semelles.

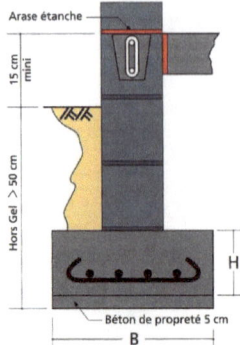

Pourquoi doit-on enterrer les fondations à une profondeur supérieure à 50 cm ?

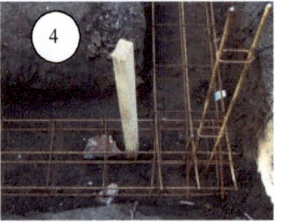

Remettre dans l'ordre les étapes de réalisation d'une fondation :

Les fondations profondes : Les fondations profondes sont utilisées lorsque le terrain est meuble et instable sur l'eau ou lorsque les charges sont concentrées. Il s'agit de fondations sous forme de pieux. Un forage est réalisé et un pieu en béton armé est réalisé.

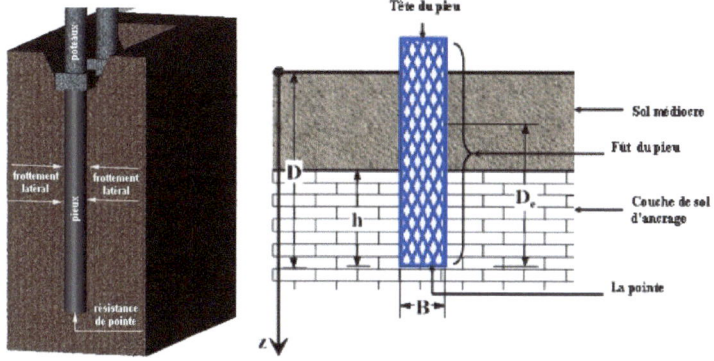

Si on ne trouve pas de sol rocheux, on doit déterminer la longueur du pieu. Quelle va être la condition déterminant cette longueur ?

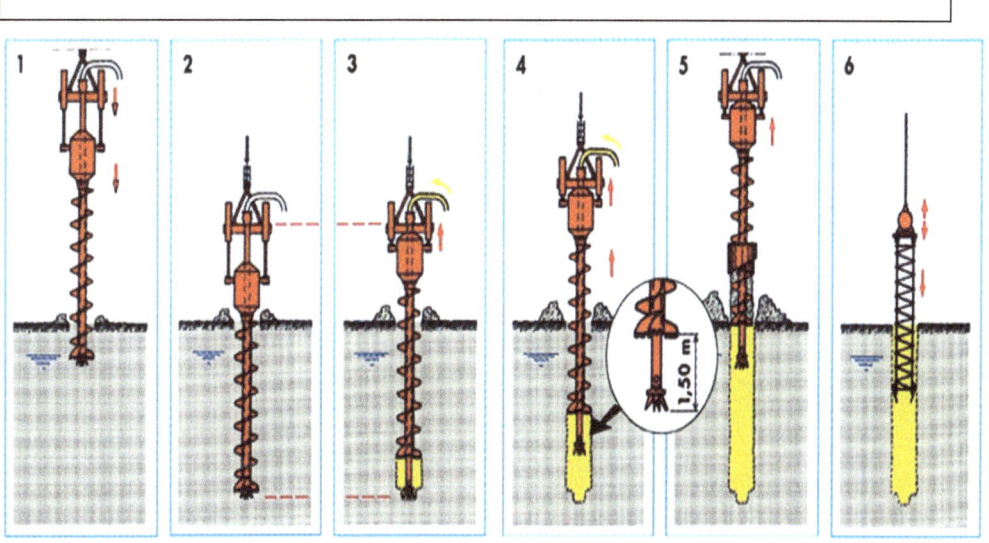

Un pieu de fondation doit-il être armé ou peut-il être réalisé simplement en béton ?

117

La structure porteuse : La structure porteuse est constituée par les murs, les planchers et le toit. Cette structure soutient les bâtiments. Aujourd'hui, la plupart des structures à murs continus sont constituées d'une ossature appelée chaînage constitué de poutres et de poteaux en béton armé.

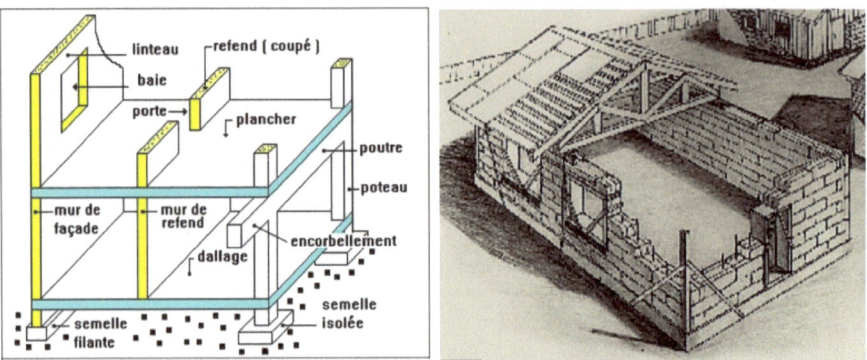

Le vide sanitaire : Un vide sanitaire constitué de béton banché enduit d'une couche de bitume de fondation afin d'améliorer l'étanchéité de la structure.

La hauteur du vide sanitaire permet de faire passer les aérations, gaines et autres évacuations de la construction.

Vient ensuite la pose des poutrelles précontraintes en béton sur lesquelles s'intercalent les hourdis (polystyrène, plastique, ciment ...)

Le vide sanitaire permet la distribution des réseaux : a-t-il d'autres avantages ?

Les hourdis :

 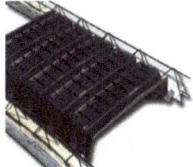  

Pourquoi préférons-nous mettre des hourdis en plastique ou en polystyrène dans la dalle du vide sanitaire ?

Les murs porteurs :

Les murs porteurs : Parpaing, brique ou béton banché ! Les avantages de ces options sont multiples :
La brique est entièrement issue du milieu naturel. Elle offre une isolation thermique et une régulation hygrométrique d'excellente qualité.
Le parpaing est un isolant phonique, inaltérable, incombustible, imputrescible et inoxydable. Il est fait pour durer.
Le béton banché, quasi indestructible, est plus cher et n'est utilisé que pour les parties enterrées et vide sanitaire.
Les murs porteurs ont une épaisseur totale d'environ 20 cm à 30 cm suivant les matériaux (parpaing, béton ou brique).

L'épaisseur des joints est de 10 à 15 mm : ils sont adaptés pour obtenir un nombre entier de « lits » sur la hauteur. L'ajustement est possible en jouant sur l'épaisseur des joints.

Chaînage du premier étage :

Le chaînage ceinture la partie haute de l'ensemble des murs de la construction. Il est constitué de béton armé ferraillé coffré par des banches, planches ou blocs bétons spécifiques. Le chaînage sert de support pour l'étage suivant (planelle + poutrelle + hourdis + béton) ou pour la charpente.

Les ouvertures : Les ouvertures (portes et fenêtres) doivent supporter le poids situé au-dessus du percement. Ces éléments porteurs s'appellent l'arc ou le linteau.

Le linteau apparaît au début du XVème siècle : que faisait-on avant pour soutenir le poids au-dessus du percement ?

Avant le XVème siècle, nous faisions des arcs de type roman.

La charpente dite « fermettes » :

La charpente fermette est constituée par des fermettes triangulaires, en bois, dont le contreventement assure un ensemble indéformable. Cette charpente spécialement étudiée, permet une meilleure répartition es charges sur les murs. Les combles sont généralement perdus.

Une charpente dite « fermettes » est constituée d'un treillis de bois de faible section traités à cœur et assemblés par des plaques généralement métalliques, appelées "connecteurs", munies de pointes enfoncées de force. Les fermettes sont de manière standard étudiée pour supporter 150 Kg/m^2, soit à la bis la couverture et un plafond en plaques de plâtre.

La charpente traditionnelle :

La charpente traditionnelle est celle que l'on peut voir dans les vieilles charpentes ; elle est constituée énéralement de bois de forte section et utilise des assemblages variés : bois sur bois, boulons, tenon-mortaise etc.…mais jamais de connecteurs. La charpente traditionnelle est naturellement belle, et sera articulièrement appréciée lorsqu'on la laissera apparente. L'emploi de grosses sections de bois lui donne n avantage pour la tenue au feu. Grâce à sa souplesse de conception, pratiquement sans limite, elle sera ien adaptée pour les formes complexes. Les combles sont généralement exploitables.

Selon vous, quel est l'avantage de la charpente « fermettes » ?

Ecran sous-toiture :

Autrefois, la toiture était simplement constituée d'une charpente et d'une couverture. Aujourd'hui, on ajoute un écran de toiture. En effet, jadis, l'eau et la neige arrivaient toujours à se glisser sous les tuiles de la toiture. Un écran sous toiture est une feuille souple conditionnée en rouleau. Il existe les écrans bitumés et les écrans synthétiques. Ils sont imperméables à l'eau et peu perméables à la vapeur d'eau. Sous la toiture, il est impératif de ventiler correctement.

Si les écrans de sous-toiture protègent efficacement des infiltrations d'eau, certains permettent aussi d'améliorer le confort de l'été grâce au film métallique qui réfléchit et qui renvoie la chaleur du soleil. Plus performant encore, un nouveau concept d'écran sous-toiture pourvu sur les deux faces d'un film réfléchissant, l'hiver. La chaleur est renvoyée vers l'intérieur, tandis que l'été, le confort thermique à l'intérieur des combles habités est amélioré.

Le vocabulaire lié à la toiture :

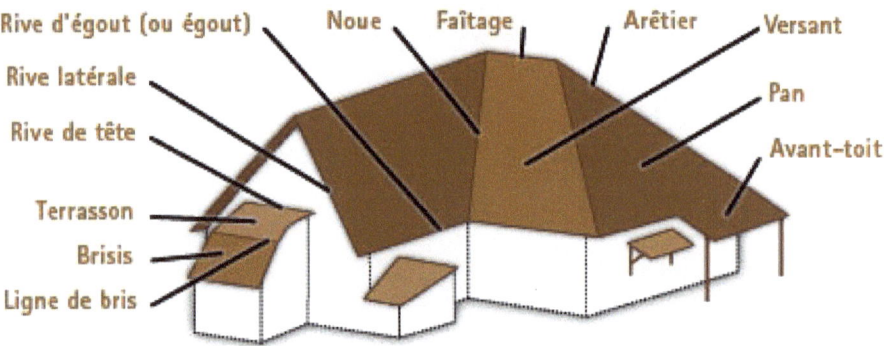

Pourquoi mettons-nous un écran de sous-toiture ?

122

La couverture :

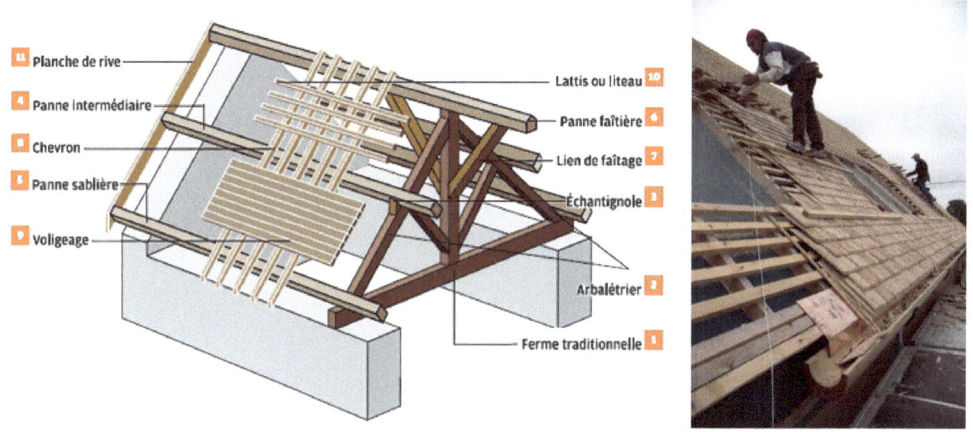

Planche de rive — **11**
Panne intermédiaire — **4**
Chevron — **3**
Panne sablière — **5**
Voligeage — **9**

Lattis ou liteau **10**
Panne faîtière **6**
Lien de faîtage **7**
Échantignole **3**
Arbalétrier **2**
Ferme traditionnelle **1**

Qu'est-ce qu'un liteau ?

_____

_____

Tuile plate ou l'ardoise :

Les tuiles plates ou les ardoises, en raison de leur épaisseur et de leur principe de triple recouvrement, bénéficient de performances remarquables en termes d'étanchéité. Chaque tuile posée ne dévoile aux regards qu'un tiers de sa surface, la partie basse appelée " pureau ". Les deux tiers restants représentent le couvert indispensable à l'étanchéité.

Le nombre de tuiles ou d'ardoises au m² varie entre 26 et 70 en fonction du modèle retenu. On peut généralement dire que plus le nombre de tuiles au m² est important, plus la toiture se rapproche des toits " historiques "ou " authentiques ".

La tuile à emboîtements :

L'apport principal de la tuile à emboîtements est de remplacer le principe de recouvrement, utilisé en tuiles plates ou tuiles canales, par des emboîtements moulés sur les bords de la partie visible, appelée pureau. Grâce à ces emboîtements, la surface apparente est beaucoup plus grande, passant de 1/3 pour les tuiles plates (et de 2/3 pour les tuiles canales) à 3/4 pour les tuiles mécaniques. Ces emboîtements facilitent l'évacuation des eaux de pluie, mais assurent également la stabilité des tuiles mises en œuvre. Rapide à poser, nécessitant moins de matériau au m², la toiture est plus économique et permet l'évolution vers des charpentes plus légères, des toitures moins pentues.

La tuile canale :

La tuile canal traditionnelle se pose d'abord face concave vers le ciel, pour former des canaux parallèles. L'intervalle entre deux canaux est ensuite recouvert par les mêmes tuiles, posées face convexe vers le ciel. De forme conique, les tuiles canal se bloquent d'elles-mêmes par glissement. Pour assurer l'étanchéité, le recouvrement entre deux tuiles doit être compris entre 14 et 17 cm, en fonction de la pente et de l'exposition. Ce principe ancestral est parfaitement adapté au climat méditerranéen.

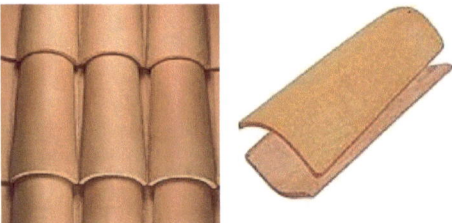

Quel est le type de couverture traditionnelle de notre région ?

Couverture en zinc :

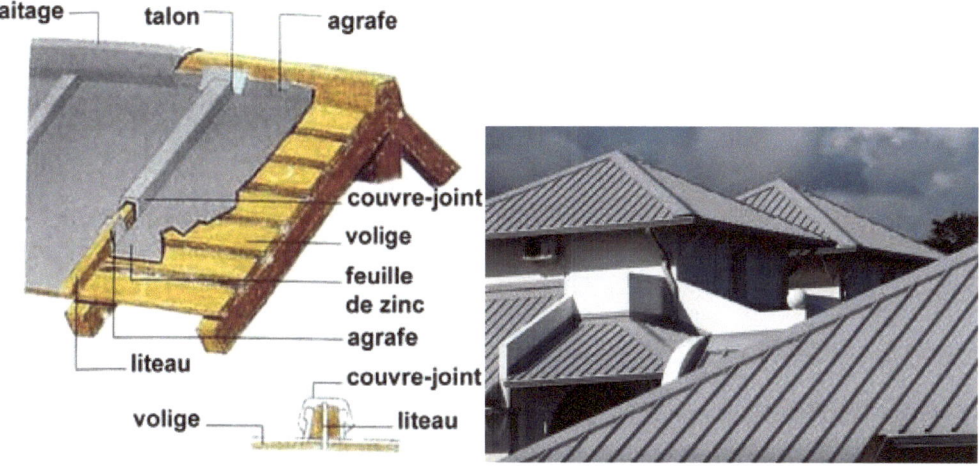

Couverture en chaume :

Couverture en bois :

Les toitures en bois

Equipement de toitures :

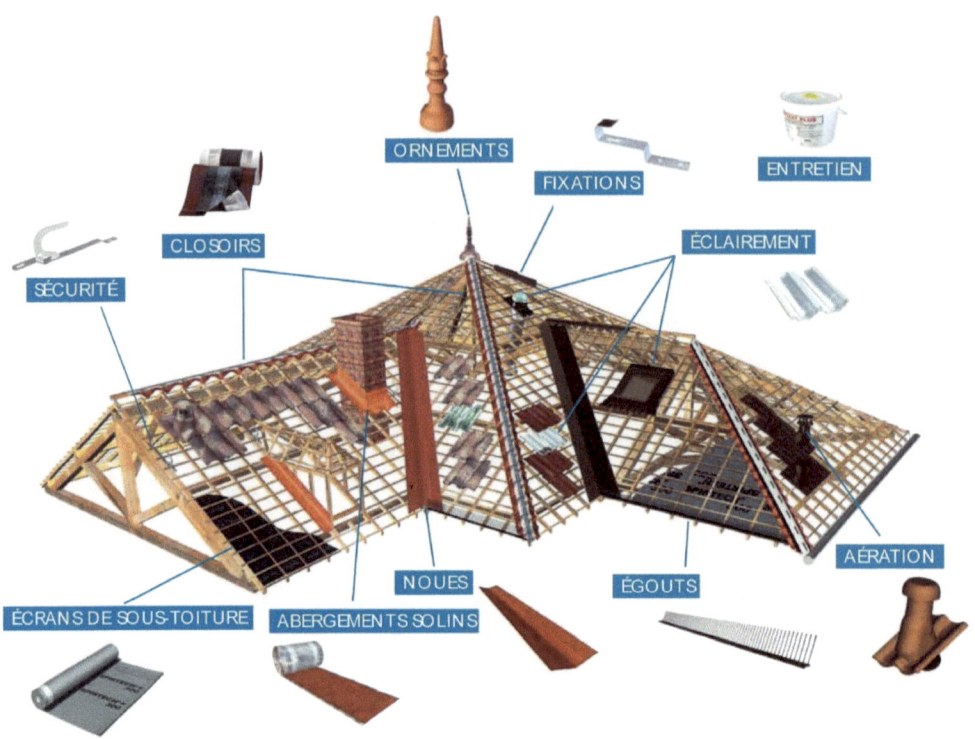

Qu'est-ce qu'une noue ?

Le moulage : Technique souvent utilisée pour les ouvrages. Des coffrages sont réalisés autour d'une structure métallique appelée le ferraillage et du béton est ensuite coulé. Cette technique permet la réalisation d'ouvrage ou de bâtiments de formes variées et surtout de dimensions importantes (barrage hydraulique).

La technique du moulage s'appelle aussi le banchage. Cette technique s'adapte t-elle à une construction individuelle traditionnelle ?

L'assemblage : La technique d'assemblage est classiquement utilisée pour la réalisation de maisons individuelles. Les éléments (briques, parpaings, pierres) sont assemblés à l'aide d'un mortier (ciment).

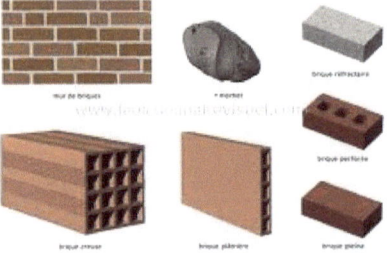 

La technique de l'assemblage correspond t-elle à la construction d'une maison individuelle traditionnelle ?

Le préfabriqué : Les éléments du bâtiment sont préalablement réalisés en usine et assemblés sur le site. Cette technique permet un gain de temps et des réalisations de formes complexes.

Les maisons modulaires peuvent-elles devenir la solution au problème du manque de logement ?

Si oui, pourquoi ?

Quel peut-être le problème des maisons préfabriquées ?

Le gros œuvre : Le gros œuvre est l'édification d'éléments de la structure, de la fondation, des murs extérieurs, du plancher et de la toiture.

On dit que le bâtiment est hors d'eau lors que le gros œuvre est fini et hors air lorsque les menuiseries sont posées.

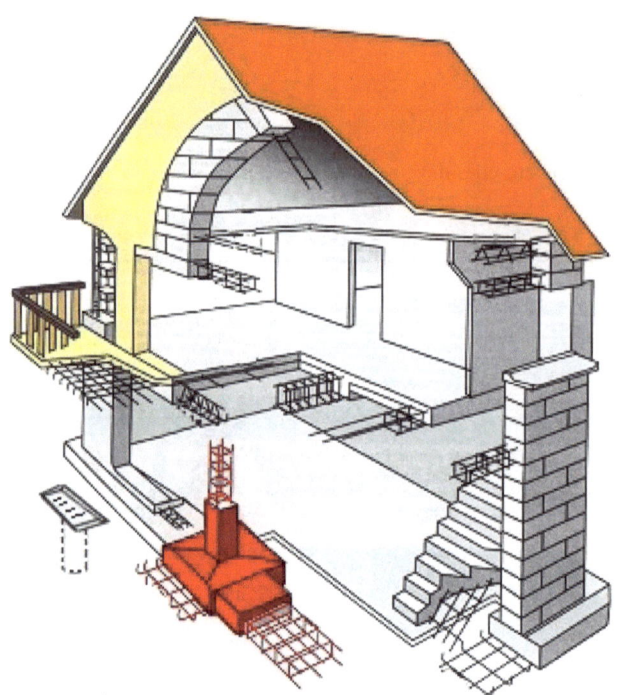

Faire la liste des différentes étapes de construction de cette maison :

Le second œuvre : Le second œuvre est la réalisation de l'aménagement intérieur du bâtiment, de la cloison, du plafond, de l'isolation, de l'huisserie, du raccordement électrique et des installations sanitaires …

Les Gouttières :

Le ZINC est l'un des matériaux le plus répandu pour les collecteurs d'eau pluviale. Il présente, au départ, un aspect métallique brillant qui se modifie par exposition aux intempéries en une patine naturelle d'un ton gris clair semi-mat. Il possède une excellente résistance à la corrosion et une longévité de 50 ans.

La pose d'une gouttière PVC est aisée puisqu'elle ne nécessite pas de soudure ou d'autres équipements lourds. Les composants peuvent être collés ou emboîtés. Il se coupe très facilement à la scie à métaux par exemple. Le PVC est idéal à cause de sa souplesse et de son coût.

L'aluminium laqué possède des qualités de résistance à la corrosion excellente. Des longueurs allant jusqu'à 20 mètres sans joint de dilatation sont possibles. Elles s'installent sans soudure. Grâce à son profilage en continu et à l'alliage d'aluminium, sa forme en corniche, ses différents coloris et ses fixations, les gouttières aluminium en font un élément d'architecture de qualité et harmonieux.

Le cuivre possède bien sûr une grande résistance à la corrosion même en climat très rigoureux.
La magie du cuivre naît de sa couleur brun-rouge, chaude. Le cuivre est une matière noble.
Il souligne le charme des matériaux traditionnels comme la tuile, l'ardoise, le bardeau ou la lauze. Le cuivre donne à la maison une touche de distinction et d'authenticité.

Les menuiseries « Les portes et les fenêtres » :

On dit que le bâtiment est hors d'air lors que les menuiseries sont posées.

Le polychlorure de vinyle (PVC) répond à beaucoup de qualités requises pour des menuiseries extérieures : insensibilité aux UV, bon isolant, coloris, forme. Le défaut principal est la moindre solidité relative aux chocs.

L'aluminium ou l'acier sont des matériaux légers, résistants, faciles à entretenir et quasi-insensibles dans le temps. Ils permettent des profilés de grandes longueurs bien adaptés aux baies vitrées. Le principal défaut de l'aluminium est le prix et la sensation plus froide au toucher.

La qualité des protections (lasures et peintures) ayant fortement progressé, le bois reste un des meilleurs rapports qualité / prix. Les bois exotiques sont souvent utilisés pour leur solidité dans le temps.

Les enduits de façade :

Le corps d'enduit est appliqué en deux couches minimum, soit manuellement (truelle, tyrolienne), soit projeté à la pompe. La première couche est dressée à la règle. La couche de finition assure l'imperméabilité générale et structurée pour la finition désirée (grain fin, talochée, grattée, écrasée ...)

Les cloisons de distribution :

Les cloisons sont construites pour filtrer les bruits de la maison et préserver l'intimité de chacun. Leur constitution est en plaques de plâtre qui sont montées sur une ossature métallique.

La structure métallique :

La plomberie :

L'électricité :

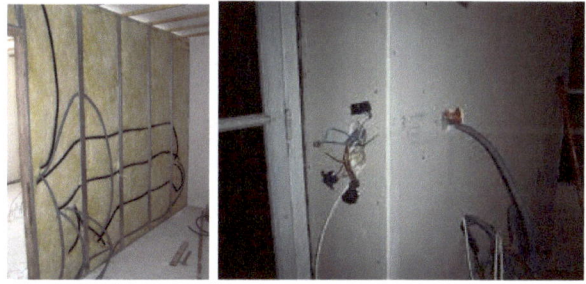

Isolation phonique et thermique :

Pose des plaques de plâtres :

Quelles sont les grandes étapes pour réaliser des cloisons dans une maison ?

Le carrelage :

Le parquet :

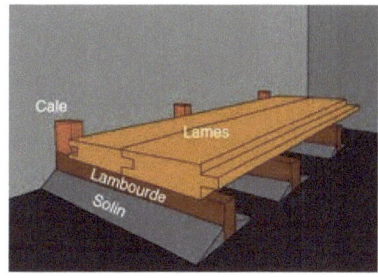 

L'installation sanitaire :

La pose des chauffages fait-elle partie du second-œuvre ?

Isolant thermique : Un isolant thermique est un matériau ayant une faible conductivité thermique. Ce type de matériau a pour caractéristique de freiner les échanges (fuites) de chaleur entre l'intérieur et l'extérieur d'un bâtiment.

Classement des principaux matériaux isolants par ordre croissant de conductivité thermique, c'est-à-dire par ordre de performance :

- 1) La mousse de polyuréthane est un excellent isolant, dont le principal inconvénient est le coût.

La mousse polyuréthane est un panneau d'isolation thermique avec une âme en mousse de polyuréthanne rigide revêtue sur deux faces d'un parement multicouche.

Qualité : Excellent isolant.
Défaut : Sont coût excessif.

- 2) La laine de verre, un matériau bon marché, mais irritant pour la peau lors de la pose.

La laine de verre est un matériau isolant fabriqué à partir d'un produit naturel (sable) et qui se présente comme un matelas de fibres enchevêtrées où est emprisonné de l'air immobile.
Qualité : Sa conductivité thermique, excellente, avec un coefficient l de 0,035, et son prix, probablement l'un des isolants les moins chers du marché. Incombustible.
Défaut : Irritant lors de la pose, se tasse légèrement avec le temps. Le côté cancérigène souvent mis en avant par ses détracteurs n'est pas prouvé.

- 3) La laine de roche.

D'origine minérale, les fibres de la laine de roche sont obtenues à partir de la roche diabase (roche basaltique). Le processus de fabrication consiste à faire fondre et à fibrer la roche.

Qualité: Très bon isolant du froid, du chaud et du bruit, incombustible.
Défaut: Les particules libérées sont plus petites encore que pour la laine de verre.

- 4) Les mousses de polymère : Polystyrène expansé ou extrudé, polystyrène.

Le polystyrène est surtout utilisé pour le doublage des cloisons et est associé à une plaque de plâtre. Le polystyrène extrudé est surtout utilisé pour l'isolation des sols avant la pose du plancher chauffant.

Qualité: Prix, bon isolant. Aucune incidence sur la qualité sanitaire de l'air intérieur.

- 5) La fibre de bois, un isolant thermique moins performant mais meilleur marché et plus écologique.

La laine de bois est un isolant élaboré à partir de fibres de bois qui reçoivent des traitements pour les rendre résistantes à la vermine.

Qualité : Très bon isolant, sain et écologique.
Défaut : Il faut veiller à ce qu'il n'y ait pas d'humidité au sein de l'isolant.

- 6) La laine de mouton.

La laine de mouton est un produit isolant issu de matières premières de nature et de qualité variables.

Qualité : Isolant écologique.
Défaut : Isolant de qualité variable souvent lié à des additifs.

- 7) La paille.

L'isolation en paille se développe surtout dans le monde de l'auto-construction en bois. La structure bois étant auto-porteuse, les rangées de bottes de paille supportent uniquement les bottes supérieures.

Qualité : Isolant écologique, coût.
Défaut : Epaisseurs de l'isolant.

- 8) Le chanvre.

Le chanvre est un matériau naturel et écologique à forte valeur isolante. Sous les toits ou dans les murs, il permet d'obtenir une qualité d'isolation supérieure tout en étant un répulsif pour les rongeurs et un parfait assainisseur d'air.

9) La ouate de cellulose.

Écologique et durable, la ouate de cellulose est fabriquée à base de papiers recyclés et de matériaux d'origine naturelle.

10) Les isolants minces (Pas de résistance thermique déterminée par le CSTB - Centre Scientifique et Technique du Bâtiment)

Les isolants minces multicouches réflecteurs sont des complexes techniques de faible épaisseur composés d'un assemblage de films réflecteurs intermédiaires et de séparateurs associés. Ils permettent une isolation de 3 à 5 fois plus minces que les isolants traditionnels et s'adaptent à tous les bâtiments.

Défaut : Pas de résistance thermique déterminée par le CSTB, isolation acoustique médiocre.
Qualité : Isolant mince.

Les finitions : Les finitions correspondent à la décoration intérieure.

Le papier peint :

Les peintures :

Pourquoi posons-nous de moins en moins de moquette dans une maison individuelle ?

La planification : Un chantier de construction doit être planifié, notamment à cause des impératifs. Les fondations doivent être réalisées pour commencer la structure. La structure doit être réalisée pour poser les huisseries …

Un chantier peut durer plusieurs mois ou années et chaque chantier fait appelle à plusieurs corps de métier. Par ailleurs, afin que le chantier puisse avoir une dynamique continue, un planning est primordial.

Type d'ouvrage	Heures	Nbre pers	Date début travaux	Date fin travaux	Nbre jours ouvrés	Nbre Samedi et Diman	Nbre jours Fériés	en %	Jours écoulés	Reste jours
Préparation Du Terrain	55 h		8-mai-01	16-mai-01	6 j	2 j	1 j	100 %	9 j	
Fondations Spéciales	23 h		4-mai-01	9-mai-01	3 j	2 j	1 j	100 %	6 j	
Aménagements De Surface	125 h	2	6-mai-01	16-mai-01	7 j	3 j	1 j			11 j
Gros Oeuvre (Infrastructure)	500 h	3	8-mai-01	1-juin-01	17 j	6 j	2 j	100 %	25 j	
Gros Oeuvre (Superstructure)	890 h	3	8-mai-01	21-juin-01	30 j	12 j	3 j	80 %	36 j	9 j
Toitures	55 h		16-mai-01	23-mai-01	6 j	2 j		10 %	0,8 j	7,2 j
Cloisonnements	66 h		29-mai-01	7-juin-01	7 j	2 j	1 j	5 %	0,5 j	9,5 j
Baies Intérieures	55 h		27-mai-01	5-juin-01	6 j	3 j	1 j	10 %	1 j	9 j
Traitement Des Parements	12 h		28-mai-01	29-mai-01	2 j					2 j
Sols	55 h		27-mai-01	5-juin-01	6 j	3 j	1 j			10 j
Traitement Des Plafonds	80 h		27-mai-01	7-juin-01	8 j	3 j	1 j			12 j
Conduits Et Gaines	20 h		30-mai-01	31-mai-01	2 j					2 j
Plomberie	150 h	2	30-mai-01	11-juin-01	8 j	4 j	1 j			13 j
Chauffage - Climatisation	200 h	2	25-mai-01	8-juin-01	10 j	4 j	1 j	10 %	1,5 j	13,5 j

Le diagramme de Gantt sert à la représentation d'un projet par analyse graphique dans lequel les activités sont représentées par des segments horizontaux, dont la longueur est proportionnelle au délai nécessaire pour mener à bien la tâche en question.

Le diagramme de Gantt est un outil efficace pour la gestion ou le suivi des travaux pour des ouvrages dans le domaine du bâtiment, de la construction et d'un chantier dans un projet.

Comment s'appelle ce diagramme ?

La mise en œuvre

Dans ce chapitre, nous aborderons la mise en œuvre d'une construction.

Dans un premier temps, il faut concevoir le bâtiment, présenter un projet puis vient la mise en œuvre. D'autre part, il faut implanter le bâtiment sur site puis construire le bâtiment en veillant à la sécurité et enfin contrôler la conformité de la construction.

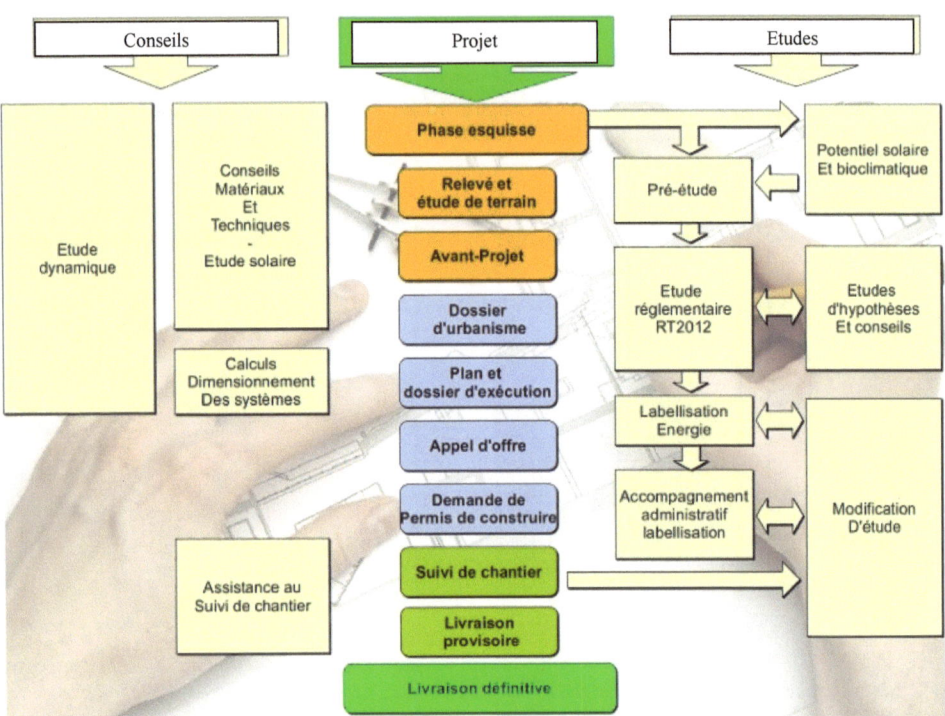

Cet organigramme correspond aux actions de l'architecte. A quel moment intervient-il avec les ouvriers chargés de la mise en œuvre ?

L'implantation

Les plans et l'existant : Que se soit pour une construction neuve ou un réaménagement de locaux existants, il est nécessaire de corroborer les plans de construction avec l'existant. C'est-à-dire qu'il faut borner et situer le bâtiment sur un terrain ou vérifier l'intégration de la modification d'un bâtiment sur l'existant afin de détecter toute erreur de conception. A ce stade, la mise en œuvre peut être commencée.

La tour FIRST

La tour AXA a-t-elle été détruite pour laisser place à la tour FIRST ?

L'échelle d'un plan : Un plan fournit toutes les informations permettant la réalisation de la construction. Il doit notamment permettre la réalisation d'une maquette.

Que doit-on définir pour réaliser la maquette d'une construction à partir d'un plan ?

Pour la mise en œuvre, les plans d'exécution sont constitués de plans et de coupes justifiant les élévations et les plans d'étages.

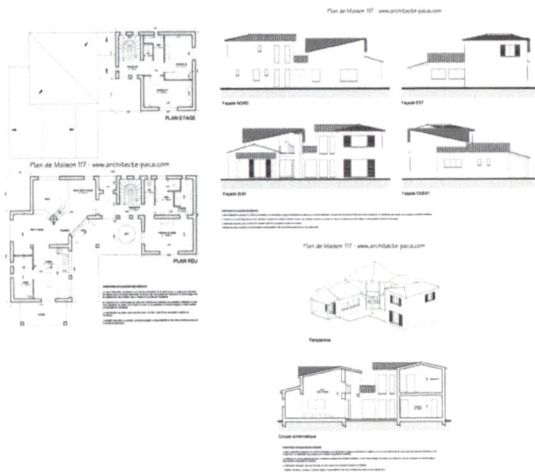

La sécurité

La sécurité lors de la mise en œuvre : Sur un chantier, il y a de nombreux risques d'accidents (chute d'objets, coupures, poussières …) Pour les intervenants, il existe des équipements individuels obligatoires (chaussures de sécurité, casque, lunettes, masque …).

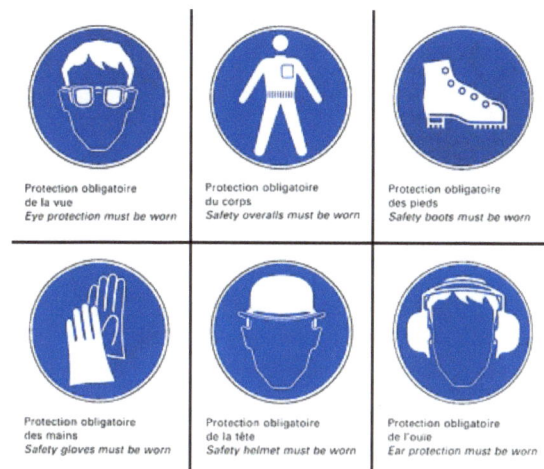

Il manque une protection individuelle dans ces logos, lequel ?

Certaines zones à risques sont aménagées (barrières, filet, …)

Dans quel cas doit-on utiliser un baudrier ?

La réalisation d'une maquette : Si une maquette est propice à la proposition d'un projet. Elle est d'autant plus utile afin d'évaluer les risques du chantier.

Quel peut être l'autre avantage de la réalisation d'une maquette ?

Ces maquettes sont généralement réalisées en plastique et assemblées par collage.

La maquette d'un édifice est réalisée avant ou après la construction?

Le contrôle

Le contrôle des dimensions : Le contrôle des dimensions est réalisé tout au long de la construction.

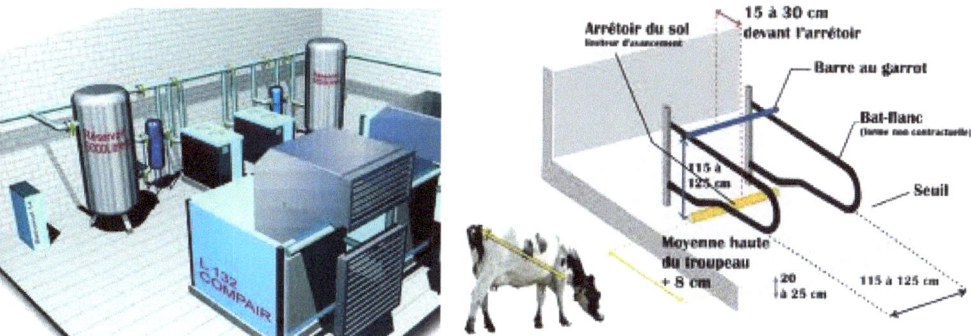

Pourquoi doit-on contrôler les dimensions d'un bâtiment ?

Quelle peut être la conséquence d'une erreur dimensionnelle ?

Le contrôle de conformité : Le contrôle de conformité est réalisé à l'achèvement du bâtiment « consuel pour l'électricité ». Dans le cas où le bâtiment doit accueillir du public, la sécurité incendie, l'accessibilité handicapée, les ascenseurs, les installations électriques etc, … doivent être contrôlés.

 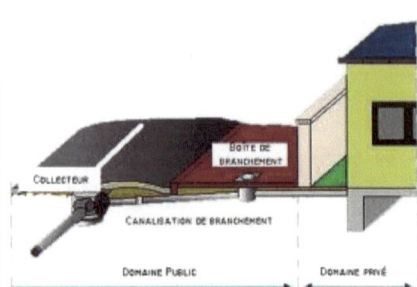

Qu'est-ce qui est contrôlé ci-dessus ?

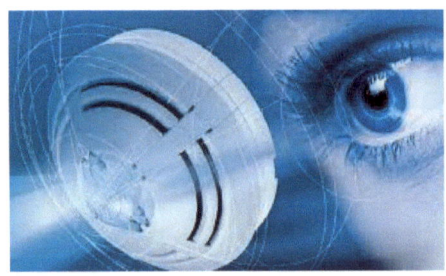

Cet objet est devenu obligatoire dans les maisons : qu'est-ce que c'est ?

Le contrôle d'aspect : Le contrôle d'aspect est visuel et permet de contrôler la qualité des finitions.

Que permet d'observer un contrôle d'aspect ?

A quoi doit correspondre l'aspect final d'un bâtiment après sa construction ou sa rénovation ?

Le contrôle de performance : Aujourd'hui obligatoire, le contrôle de performance énergétique permet de classifier le bâtiment en fonction de sa consommation énergétique pour répondre au besoin de ses occupants.

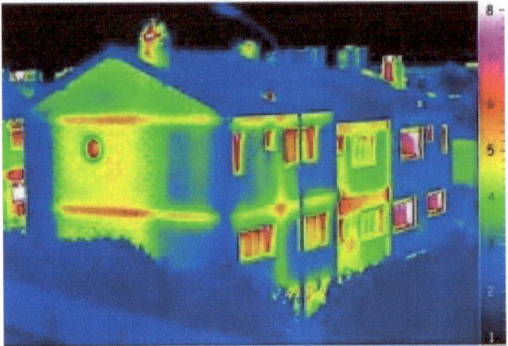

A la suite d'une construction nouvelle que permet de voir un contrôle de performance ?

Bâtiments et consommation énergétique...

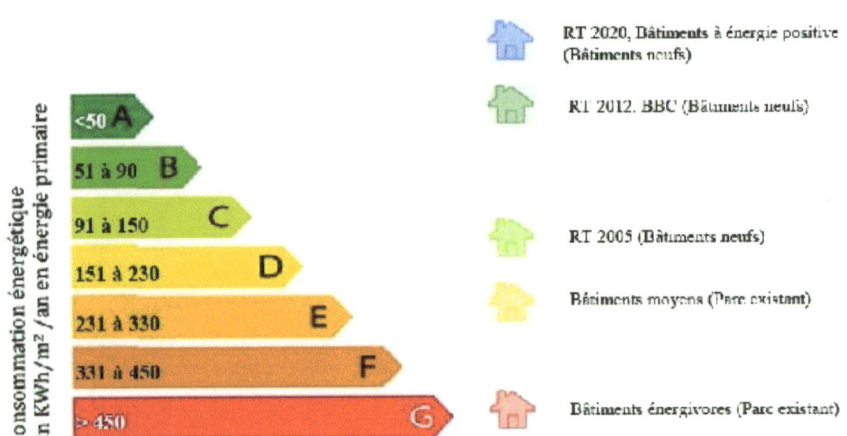

En 2020, que devra être la performance des bâtiments neufs ?